Webページ作成入門
— HTML / CSS / JavaScript の基礎 —

松下孝太郎
山本　　光　共著
市川　　博

コロナ社

まえがき

　本書は，Webページを作成するための3大要素技術であるHTML，CSS，JavaScriptの基礎について解説しています。解説と例をわかりやすく対比させた内容により，途中で飽きたり，あきらめたりすることなく最後まで読み通せるように編集しています。また，本書は「初学者でも短期間に効率よく学習できる」「OSやWebブラウザーなどが変わっても，本書で学習したことがそのまま使用できる」「ソースコードが記載されているので，必要な箇所のみを読んで理解できる」というような配慮をしています。さらに，Windowsの機能のみでWebページを作成できるようにしています。

　本書ではWindows 7がインストールされているコンピュータで，ブラウザーにInternet Explorerを使用して操作手順を示しています。Vista，XP，その他のOSの場合には，画面や操作などが異なる部分もありますが，基本的には本書と同じように表示・動作します。

　第1章では，Webページを作成するための準備について学習します。本章では，Webページを作成するエディター（Windowsのメモ帳）の使い方や，Webブラウザー（Internet Explorer）の使い方について学習します。

　第2章では，Webページを作成するために必須のHTMLについて学習します。本章では，文字の修飾，文章のレイアウト，画像の挿入，表の作成などについて学習します。本章を学習するだけでも十分なWebページを作成する技術が身に付きます。

　第3章では，CSSについて学習します。本章では，HTMLとCSSの連携方法やWebページのデザインを学習します。本章を学習することにより，ページを効率的にデザインできます。

　第4章では，JavaScriptについて学習します。本章では，JavaScriptでよく使われる技術を，例を見ながら楽しく学習できるようになっています。本章を学習することにより，動的なページを作成する技術が身に付きます。

　最後に，本書を執筆するにあたり，さまざまな面でご助言をいただいた東京情報大学の布広永示教授，出版に際してご尽力いただいたコロナ社の方々に感謝の意を表します。

2011年9月

　　　　　　　　　　　　　　　　　　　　　　　　　　　　　　　　著　者

「Webページ作成入門」初版 刷 正誤表

頁	箇所	誤	正
25	図2.15タイトル	lesson213.htm	lesson213.html
30	表2.1 記号等の書き表し欄	&#162;	&#165;
44	表2.5 対象場所④の記述方法欄	../対象フォルダー/対象ファイル名	../対象フォルダー名/対象ファイル名
63	表2.10 属性欄	cellsapcing	cellspacing
82	図3.27タイトル	画像を中央に繰り返し表示	画像を右に繰り返し表示

最新の正誤表がコロナ社ホームページにある場合がございます。下記URLにアクセスして［キーワード検索］に書名を入力して下さい。

②

目　　次

1.　Webページ作成の準備

1.1　Webページと作成手法 …………… 1
　1.1.1　Web ペ ー ジ ………………… 1
　1.1.2　HTML，CSS，JavaScriptの役割 … 2
1.2　Webページの作成と表示 …………… 3
　1.2.1　事 前 の 準 備 ………………… 3
　1.2.2　メモ帳によるWebページの作成 ‥ 8
　1.2.3　Internet Explorerによる
　　　　 Webページの表示 …………… 14

2.　HTML

2.1　HTMLの概要 ………………………… 20
　2.1.1　HTMLの基本構造 …………… 20
　2.1.2　タグ・要素・属性 …………… 22
　2.1.3　ヘ ッ ダ ー …………………… 24
2.2　文 書 の 作 成 ………………………… 26
　2.2.1　見　 出　 し …………………… 26
　2.2.2　段 落 と 改 行 ………………… 28
　2.2.3　整形ずみテキスト …………… 30
　2.2.4　コ メ ン ト 文 ………………… 32
　2.2.5　卦 線 の 挿 入 ………………… 34
2.3　文 字 の 設 定 ………………………… 36
　2.3.1　文字の大きさ ………………… 36
　2.3.2　文　字　の　色 ………………… 38
　2.3.3　文 字 の 位 置 ………………… 40
2.4　背 景 の 設 定 ………………………… 42
　2.4.1　背　景　の　色 ………………… 42
　2.4.2　背　景　の　画　像 …………… 44
2.5　箇条書きの設定 ……………………… 46
　2.5.1　番号なしリスト ……………… 46
　2.5.2　番号付きリスト ……………… 48
2.6　画 像 の 挿 入 ………………………… 50
　2.6.1　Webページで扱える画像と
　　　　 画像処理 ……………………… 50
　2.6.2　画　像　の　挿　入 …………… 52
　2.6.3　画像の配置と文字の回り込み … 54
2.7　ハイパーリンクの設定 ……………… 56
　2.7.1　Webページ内への
　　　　 ハイパーリンク ……………… 56
　2.7.2　外部のWebページへの
　　　　 ハイパーリンク ……………… 58
　2.7.3　連絡先の記述とメールアドレスへの
　　　　 ハイパーリンク ……………… 60
2.8　表 の 挿 入 …………………………… 62
　2.8.1　表　 の　 作　 成 ……………… 63
　2.8.2　表のセルに関する設定 ……… 64
2.9　フレームの設定 ……………………… 66
　2.9.1　フレームの構造 ……………… 66
　2.9.2　左右形式のフレームの設定 … 67

3. CSS

- 3.1 CSS の概要 …………………… 70
  - 3.1.1 CSS の基本構造 ……………… 70
  - 3.1.2 CSS の使用方法 ……………… 72
  - 3.1.3 CSS の記述方法 ……………… 74
  - 3.1.4 セレクターの種類 …………… 76
- 3.2 CSS によるデザイン …………… 78
  - 3.2.1 色と長さの指定 ……………… 78
  - 3.2.2 文字のデザイン ……………… 80
  - 3.2.3 背景のデザイン ……………… 82
  - 3.2.4 ページのデザイン …………… 84
  - 3.2.5 HTML ファイルに CSS ファイルをリンクする方法 ……………… 88

4. JavaScript

- 4.1 JavaScript の概要 ……………… 90
  - 4.1.1 JavaScript の基本構造 ………… 90
  - 4.1.2 JavaScript の使用方法 ………… 92
  - 4.1.3 文字の表示とオブジェクト・メソッド ……… 94
  - 4.1.4 文字の装飾とオブジェクト・プロパティ ……………… 96
- 4.2 JavaScript の基本的な使用 …… 98
  - 4.2.1 コメント文 …………………… 98
  - 4.2.2 JavaScript 内での HTML コードの実行 …………… 100
  - 4.2.3 計算と変数 …………………… 102
  - 4.2.4 フォームを用いた電卓 ……… 104
- 4.3 JavaScript の実践的な使用 …… 106
  - 4.3.1 時刻の表示 …………………… 106
  - 4.3.2 時刻によって変わる画像 …… 108
  - 4.3.3 動く時計 ……………………… 112
  - 4.3.4 ランダムに表示される画像 … 114

索引 …………………………………………… 118

1　Webページ作成の準備

1.1　Webページと作成手法

1.1.1　Webページ

　Webページを作成するには，まずエディター（Windowsのメモ帳など）で作成し，作成したとおりに表示されるかをWebブラウザー（WindowsのInternet Explorerなど）で表示して確認します（**図1.1**）。

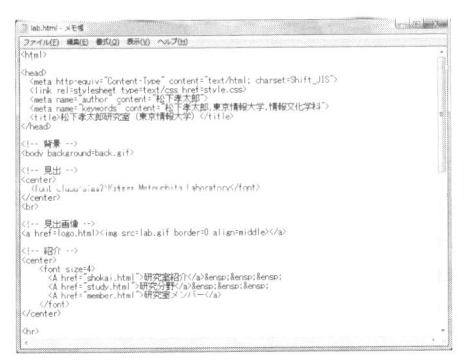

（a）　エディターで作成

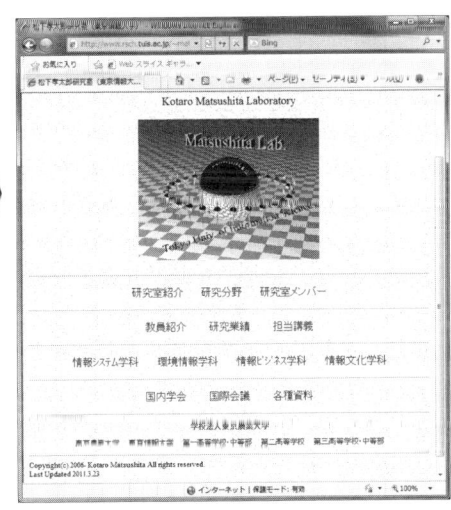

（b）　Webブラウザーで表示して確認

図1.1　Webページの作成

1.1.2 HTML，CSS，JavaScript の役割

Web ページの作成手法（書式）には，HTML，CSS，JavaScript があります。これらを用いることにより，それぞれ以下に示すことが実現できます。なお，Web ページの作成に HTML は必ず必要ですが，CSS と JavaScript は必要に応じて HTML と組み合わせて使用します（図 1.2）。

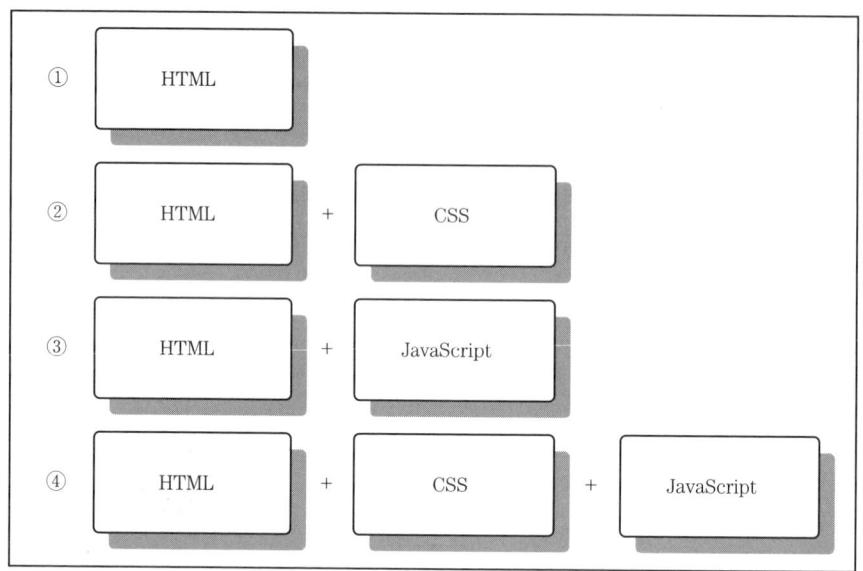

図 1.2 Web ページ作成手法の組合せ

（1） HTML

HTML（hyper text markup language）は，Web ページを作成するための書式です。Web ページは HTML のみで作成してもかまいませんが，CSS や JavaScript を用いることにより，詳細なデザインを施したり，さまざまな効果を出したりすることが可能になります。

（2） CSS

CSS（cascading style sheets）とは，Web ページをデザインするための書式です。CSS を用いる場合，HTML には Web ページの構造と内容を記述し，CSS には Web ページのデザインを記述します。これにより，Web ページにおけるデザインを詳細かつ効率的に行うことができます。CSS は単独では用いずに，必ず HTML とともに用います。

（3） JavaScript

JavaScript は，Web ページにさまざまな効果をもたせるための書式（プログラミング）です。例えば，現在の時刻を取得して Web ページに表示することや，マウスポイントによる画像の入れ替えなど，さまざまな効果をつけることができます。JavaScript は単独では用いずに，必ず HTML の中に記述（挿入）して用います。

1.2 Webページの作成と表示

1.2.1 事前の準備

Webページの作成を効率的に行うために，Windowsで表示されるファイル名に拡張子を表示させる必要があります。

（1）拡張子

拡張子とは，ファイル名の後に付いているtxtやhtmlなどのことです。Windowsは拡張子によりファイルの種類を判別します。ファイル名は「ファイル名.拡張子」という構造になっていますが，Windowsでは多くの場合，拡張子が非表示になっています。

（2）拡張子の表示

① Windowsの［スタート］ボタン ![] をクリックします。つぎに，表示された一覧から［ドキュメント］をクリックして選択します（図1.3）。

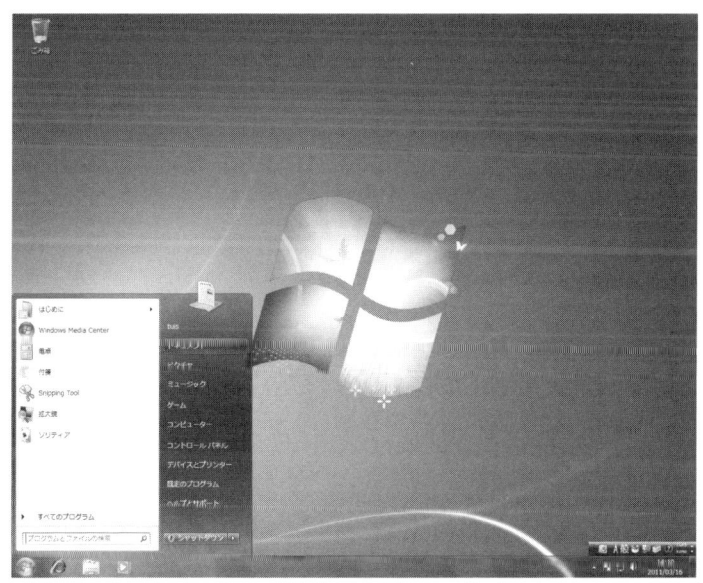

図1.3　拡張子の表示 ①

4　　1. Web ページ作成の準備

② ［ドキュメント］フォルダーが表示されます（**図 1.4**）。

　　（［ドキュメント］フォルダーに，test1，test2 というファイルがある場合）

図 1.4　拡張子の表示 ②

③ プルダウンメニューの［整理］をクリックします。つぎに，［フォルダーと検索のオプション］をクリックして選択します（**図 1.5**）。

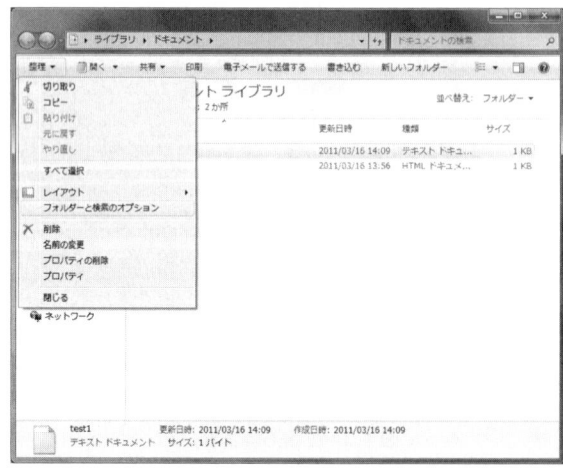

図 1.5　拡張子の表示 ③

④［フォルダーオプション］ダイアログボックスが表示されます（**図1.6**）

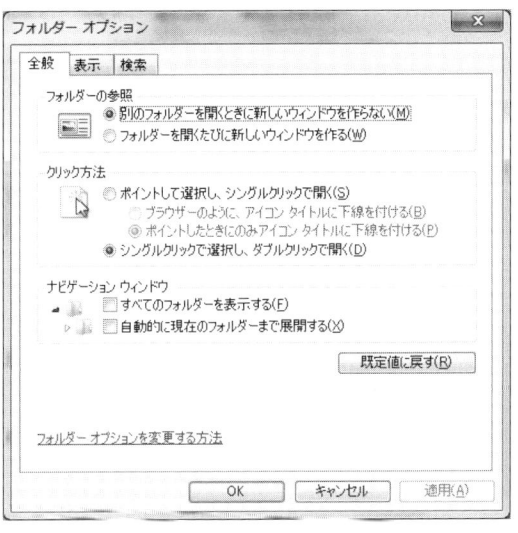

図1.6　拡張子の表示 ④

⑤［表示］タブをクリックします（**図1.7**）。

図1.7　拡張子の表示 ⑤

⑥ ［詳細設定］のスライダーを下まで動かし，［登録されている拡張子は表示しない］にチェックが入っている場合，チェックを外します（**図 1.8**）。

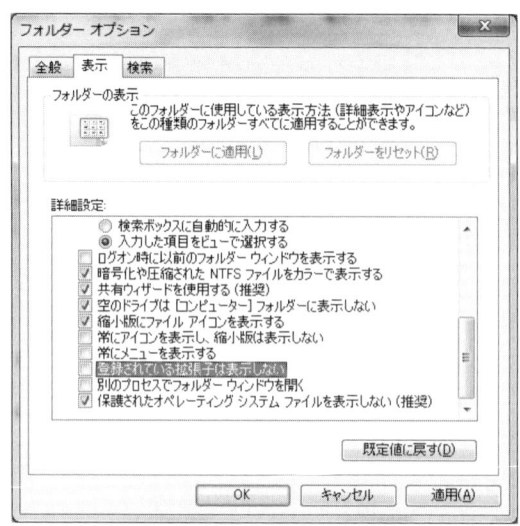

図 1.8 拡張子の表示 ⑥

⑦ ［適用］ボタンをクリックします（**図 1.9**）。

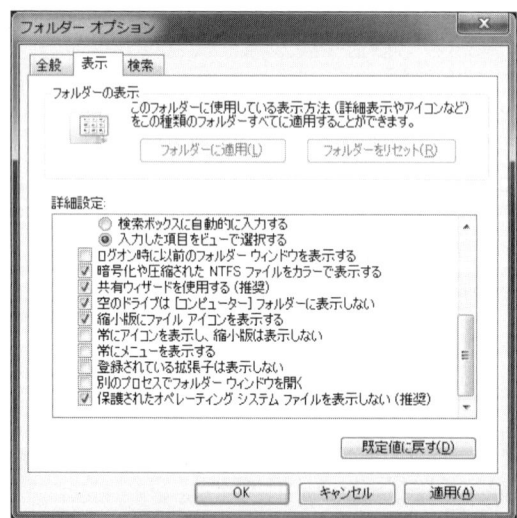

図 1.9 拡張子の表示 ⑦

⑧ ファイル名に拡張子が表示されます（**図1.10**）。

（［ドキュメント］フォルダーに，test1，test2 という名前のファイルがある場合）

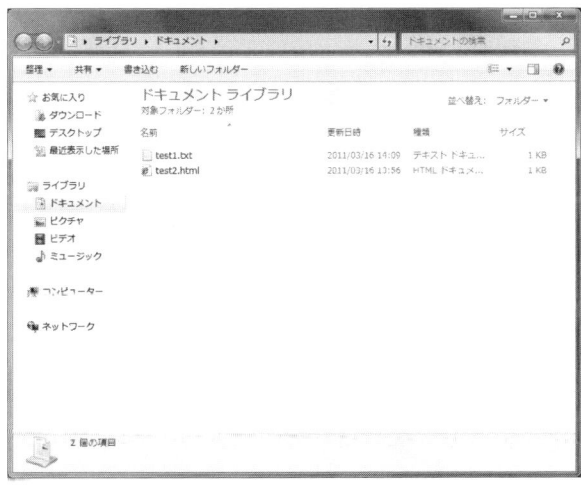

図1.10 拡張子の表示 ⑧

8   1. Web ページ作成の準備

1.2.2　メモ帳による Web ページの作成

Web ページの作成は，エディター（Windows のメモ帳など）により行います。また，作成した Web ページは HTML 形式で保存します。

（1）　メモ帳の起動

① Windows の［スタート］ボタン ● をクリックします。つぎに，表示された一覧から［すべてのプログラム］をクリックして選択します（**図 1.11**）。

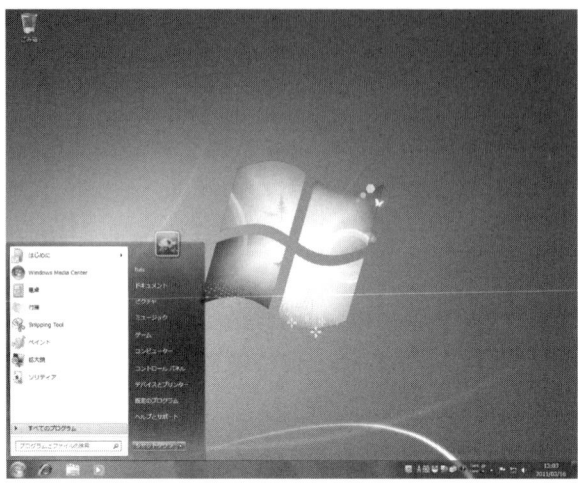

図 1.11　メモ帳の起動 ①

②［アクセサリ］のフォルダーをクリックして選択します（**図 1.12**）。

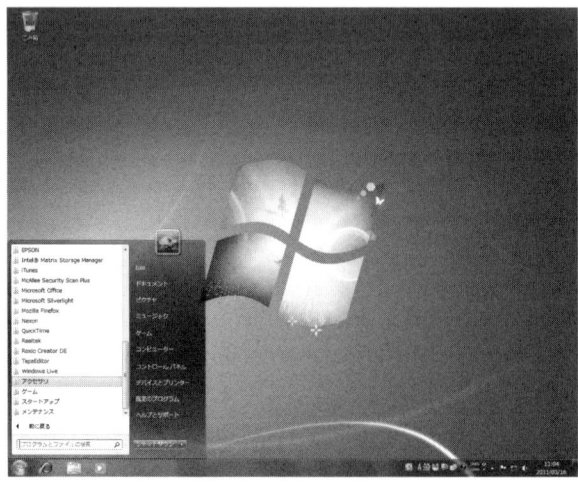

図 1.12　メモ帳の起動 ②

③ ［メモ帳］をクリックして選択します（**図1.13**）。

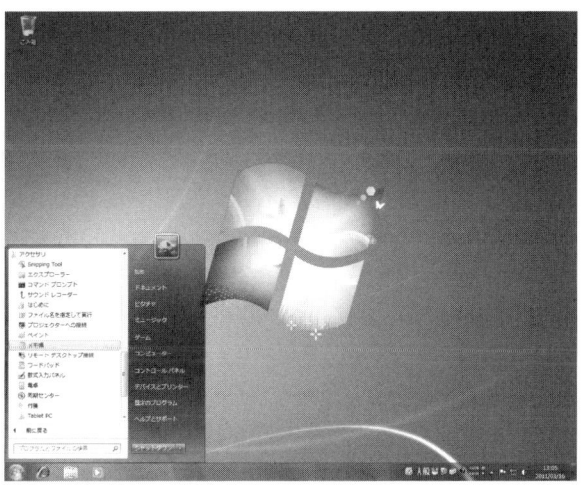

図1.13　メモ帳の起動 ③

④ メモ帳が起動します（**図1.14**）。

図1.14　メモ帳の起動 ④

10   1. Web ページ作成の準備

（2） メモ帳への入力

　メモ帳への入力は，キーボードにより行います（**図 1.15**）。初期設定では半角英数字入力になっています。全角入力にするには，キーボードの 半角／全角漢字 キーを押します。半角英数字入力に戻すときは，もう 1 回， 半角／全角漢字 キーを押します。

図 1.15　メモ帳への入力

（3） メモ帳の内容の保存

① プルダウンメニューの［ファイル］をクリックします。つぎに，［名前を付けて保存］をクリックして選択します（**図 1.16**）。

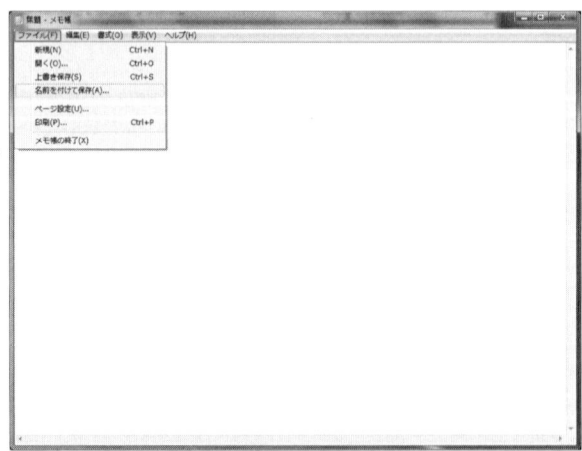

図 1.16　メモ帳の内容の保存 ①

②［名前を付けて保存］ダイアログボックスが表示されます（**図1.17**）。

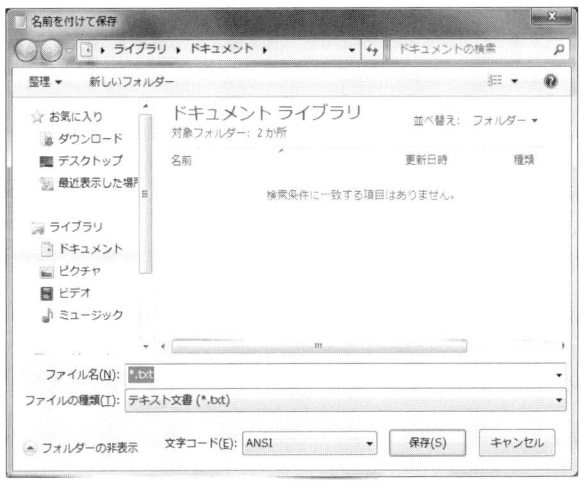

図1.17　メモ帳の内容の保存 ②

③［名前を付けて保存］ダイアログボックスの［ファイル名］にファイル名を入力します（ファイル名を「sample.html」とした例）。つぎに，［ファイルの種類］の▼部分をクリックし，［すべてのファイル］を選択します。つぎに，［保存］ボタンをクリックします（**図1.18**）。

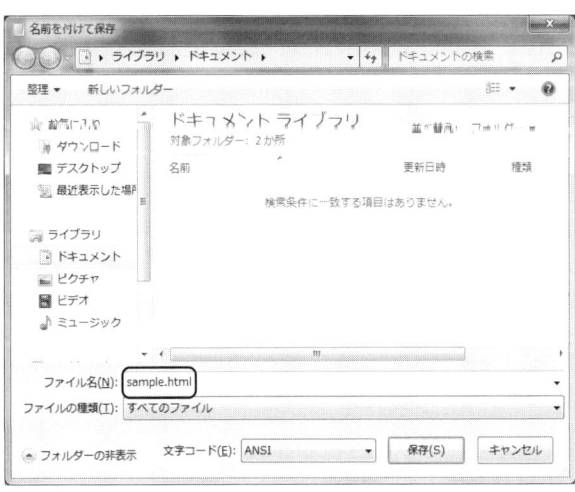

図1.18　メモ帳の内容の保存 ③

12   1. Web ページ作成の準備

④ ファイルが保存され，タイトルバーにファイル名「sample.html」が表示されます（**図 1.19**）。

図 1.19　メモ帳の内容の保存 ④

（4）　**メモ帳の終了**

① タイトルバーの［終了］ボタン　X　をクリックします（**図 1.20**）。

図 1.20　メモ帳の終了 ①

② メモ帳が終了します（図1.21）。

図1.21　メモ帳の終了 ②

14　　1．Web ページ作成の準備

1.2.3　Internet Explorer による Web ページの表示

Web ページの表示（閲覧）は，Web ブラウザー（Windows の Internet Explorer など）で行います。

（1）　Internet Explorer の起動

① Windows の［スタート］ボタン 🪟 をクリックします。つぎに，表示された一覧から［すべてのプログラム］をクリックして選択します（**図 1.22**）。

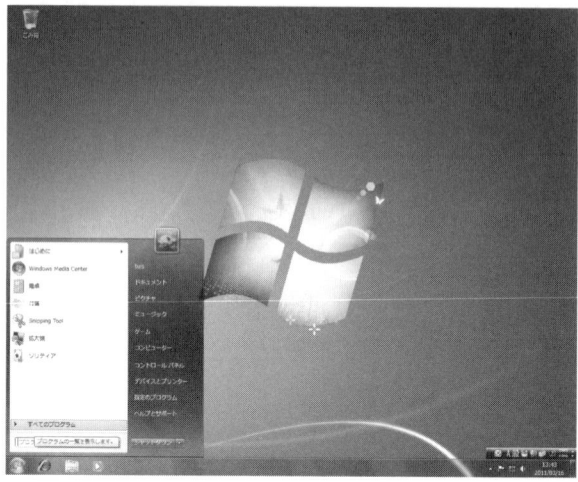

図 1.22　Internet Explorer の起動 ①

②［Internet Explorer］をクリックして選択します（**図 1.23**）。

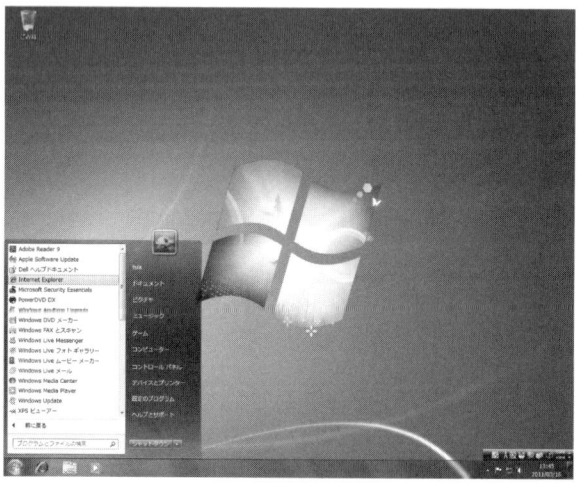

図 1.23　Internet Explorer の起動 ②

③ Internet Explorer が起動します（**図 1.24**）。

図 1.24　Internet Explorer の起動 ③

（2）　**Web** ページの表示

① Windows の［スタート］ボタン <img> をクリックします。つぎに，表示された一覧から［ドキュメント］をクリックして選択します（**図 1.25**）。

図 1.25　Web ページの表示 ①

16　　1.　Web ページ作成の準備

② ［ドキュメント］フォルダーが表示されます（**図 1.26**）。

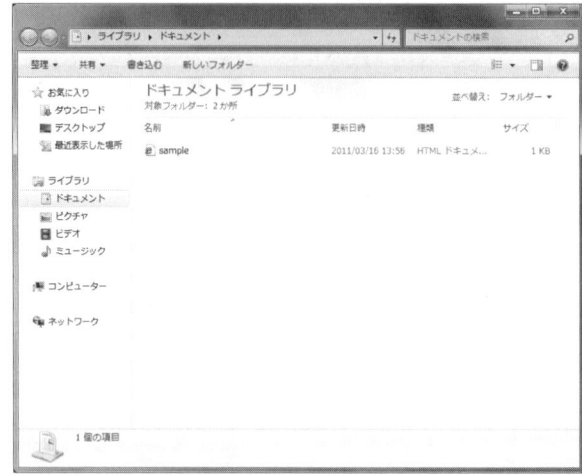

図 1.26　Web ページの表示 ②

③ 表示させたい Web ページのファイルを Internet Explorer へドラッグ＆ドロップします（**図 1.27**）。

図 1.27　Web ページの表示 ③

④ Web ページが表示されます（**図 1.28**）。

図 1.28 Web ページの表示 ④

（3） **Internet Explorer の終了**

① タイトルバーの［終了］ボタン をクリックします（**図 1.29**）。

図 1.29 Internet Explorer の終了 ①

18　　1. Web ページ作成の準備

② Internet Explorer が終了します（**図 1.30**）。

図 1.30　Internet Explorer の終了 ②

Web におけるフォルダー名とファイル名

　Web ページを公開する場合には，HTML ファイルや画像ファイルなど，すべてのファイルを，所属している組織や加入しているプロバイダーの Web サーバーへアップロードします。Web サーバーの OS は Windows と異なる場合があるので，下記の点に注意して下さい。

（1）　ファイル名やフォルダー名には半角英数字のみを利用する。
　　　例）花.jpg などのファイル名は，半角英数字のファイル名
　　　　　（hana.jpg など）に変更して下さい。
（2）　ファイル名やフォルダー名に空白文字を利用しない。
　　　例）sample no1.jpg などの空白は，ハイフン (-) などを利用した
　　　　　ファイル名（sample-no1.jpg など）に変更して下さい。
（3）　ファイル名やフォルダー名の大文字と小文字が区別される。
　　　例）sample.JPG と sample.jpg は異なるものと認識されます。
　　　　　一般的には，すべて小文字（sample.jpg など）に統一
　　　　　します。
（4）　ファイル名やフォルダー名に特殊文字を利用しない。
　　　例）sample/no1.jpg などのスラッシュ (/) やカッコ (．) は
　　　　　利用できません。sample-no1.jpg などに変更して
　　　　　下さい。

2 HTML

2.1 HTMLの概要

2.1.1 HTMLの基本構造

Webページ（HTMLファイル）は，図2.1に示すように，<html>から始まり，</html>で終わる構造をしています。<head>〜</head>の間のブロックはヘッダー部といい，Webページの属性（タイトルや作者など）に関する情報を記述します。<body>〜</body>の間のブロックにはWebページの内容を記述します。

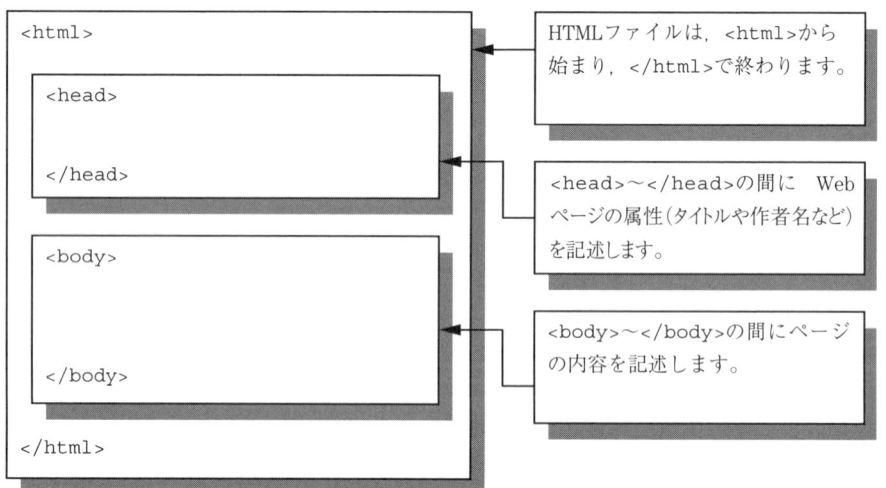

図2.1 HTMLの基本構造

はじめに最も簡単なWebページを作成します。まず，図2.2のサンプルをエディター（Windowsのメモ帳など）で入力し，lesson211.htmlというファイル名で保存して下さい（メモ帳の使い方は，1.2.2項を参照）。

つぎに，作成したWebページを表示します。保存したファイル（lesson211.html）をWebブラウザー（WindowsのInternet Explorerなど）で表示して下さい（Internet Explorerの使い方は1.2.3項を参照）。Webブラウザーには図2.3に示すように表示されます。

2.1 HTML の概要

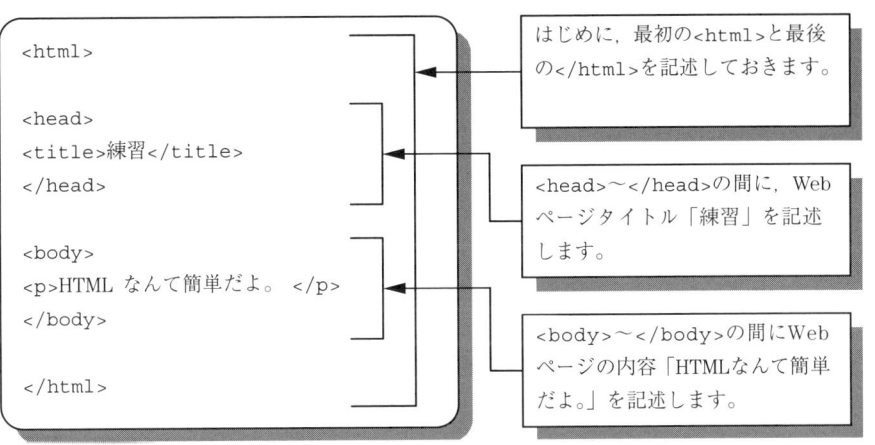

図 2.2 基本的な HTML の例（lesson211.html）

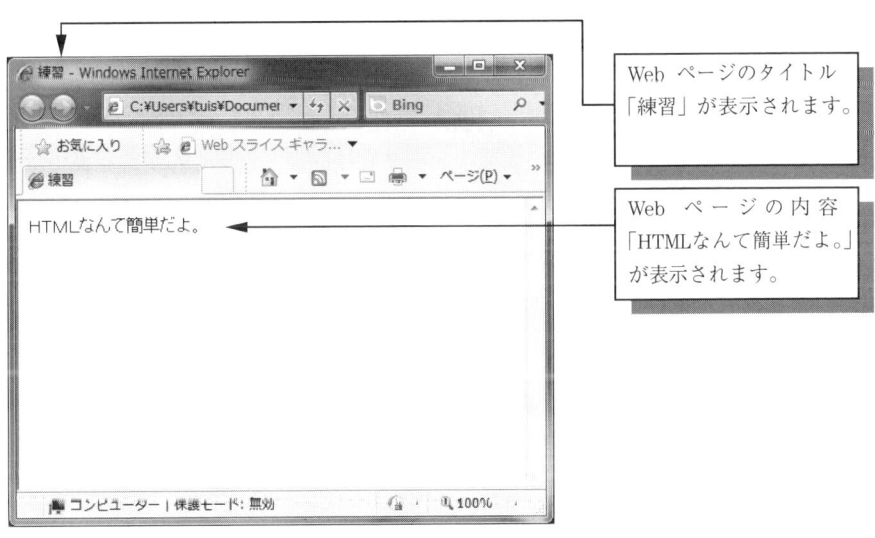

図 2.3 基本的な HTML の例（lesson211.html の表示結果）

Web ページが正しく表示されない場合のよくある原因として，図 2.4 に示すものがあります。これらのミスがないかを確認して下さい。

- 保存時の拡張子
  ファイル保存時に拡張子を付け忘れている。あるいは拡張子が「txt」になっている場合があります。拡張子がない場合や，拡張子が「txt」になっている場合は，ファイルの拡張子を「html」にして下さい（拡張子の表示方法は 1.2.1 項を参照）。

- 半角と全角の入力
  タグ，属性名，属性値を囲む引用符（"）などはすべて半角で入力することが必要です。また，拡張子「html」は，拡張子「html」の前に付けるピリオド（.）も含めて，半角で記述しなければなりません。

図 2.4 Web ページが正しく表示されない場合に考えられるおもな原因

2. HTML

2.1.2 タグ・要素・属性

（1） タグと要素

HTML 文章では，文章中に**タグ**といわれる記号を用いて文章にさまざまな効果を付加させることができます。各部分の名称は**図 2.5** のようになっており，タグには**開始タグ**とスラッシュ（/）の付いた**終了タグ**があります。それら二つのタグに挟まれた内容全体を**要素**といいます。

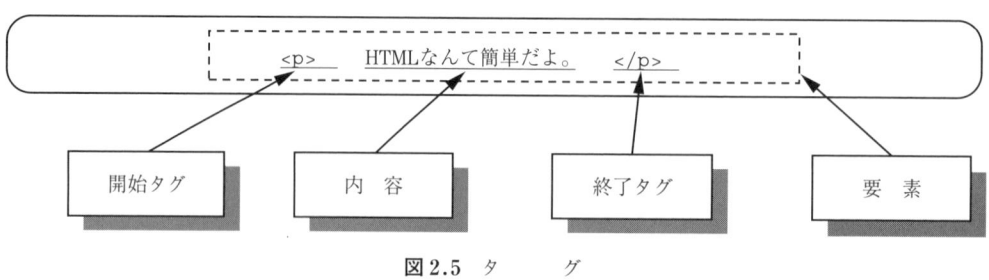

図 2.5　タ　　グ

タグはすべて半角文字で記述します。タグに全角文字を使用すると Web ブラウザーで正しく表示されません。また，基本的に大文字と小文字は区別されませんが，本書ではすべて小文字に統一して説明します。

（2） 要素の入れ子構造

要素は，図 2.6 に示す例のように入れ子構造にすることもできます。この例では，p 要素の内側に em 要素が挿入されています。

図 2.6　要素の入れ子構造

（3） 属　性

要素には，図 2.7 に示すように**属性**を記述できるものもあります。この例では，a 要素には href 属性が付けられます。属性にはイコール（=）に続けて**属性値**を記述します。属性値は引用符（"）で囲んで記述します。

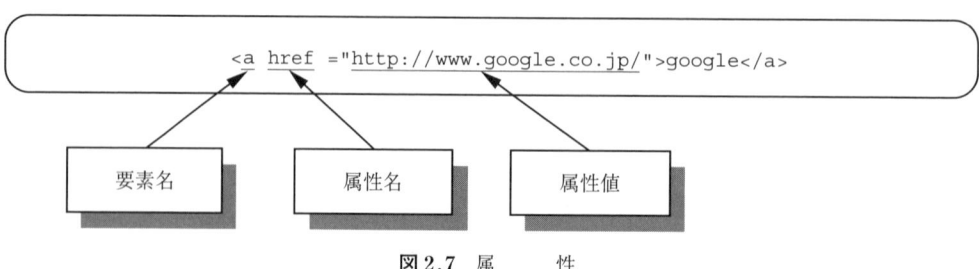

図 2.7　属　　性

図 2.8 のサンプル（lesson212.html）を作成し，Web ブラウザーで表示して下さい。<p>タグの中に入れ子にした <em> タグで「簡単」が強調されて（見た目は斜体で）表示されます（図 2.9）。

```
<html>

<head>
<title>練習</title>
</head>

<body>
<p>HTML なんて <em>簡単</em> だよ。</p>
</body>

</html>
```

図 2.8　要素の入れ子構造（lesson212.html）

図 2.9　要素の入れ子構造（lesson212.html の表示結果）

2.1.3 ヘッダー

ヘッダーはWebページの属性（タイトルや作者など）を記述するブロックで，HTMLの先頭に記述します。ヘッダーには，title要素，meta要素，link要素などを記述します。

（1） title要素

title要素には，Webページの題名に相当する内容を記述します（図2.10）。title要素に記述した内容は，Webブラウザーのタイトルバーに表示されます。

```
<title>タイトル名</title>
```

図2.10　title要素へのタイトルの記述

（2） meta要素

meta要素には，文章に関するメタ情報（文字コード，作者名，検索向けのキーワードなど）を記述します（図2.11～2.13）。meta要素には終了タグはありません。meta要素に記述した内容はWebブラウザーには表示されません。なお，meta要素は省略してもかまいません。

● 文字コード

文字コードは，図2.11のように指定します。Shift-JISを指定する場合は文字コード名を「Shift_JIS」に，UTF-8を指定する場合は文字コード名を「UTF-8」にします。

```
<meta http-equiv="Content-Type" content="text/html"; charset="文字コード名">
```

図2.11　meta要素への文字コード情報の記述

● 作者名

Webページの作者名は，図2.12に示すように指定します。

```
<meta name="author" content="作者名">
```

図2.12　meta要素への作者名の記述

● 検索向けキーワード

検索向けキーワードは，図2.13に示すように指定します。検索向けキーワードは複数指定することができます。

```
<meta name="keywords" content="キーワード1, キーワード2,…">
```

図2.13　meta要素への検索向けキーワードの記述

（3） link 要素

link 要素は，関連文章との関係を示す要素です。CSS ファイルなどを記述することで，HTML 文章にそれらの内容を適用することができます。link 要素は必要がなければ省略することができます。

図 2.14 のサンプル（lesson213.html）を作成し，Web ブラウザーで表示して下さい。Web ブラウザーのタイトルバーに，title 要素に記述した「練習」の文字が表示されます。一方，meta 要素に記述した作者名「徳川家康」は表示されません（図 2.15）。

```
<html>

<head>
<title>練習 </title>
<meta name="author" content="徳川家康">
</head>

<body>
<p>HTML なんて簡単だよ。</p>
</body>

</html>
```

図 2.14　ヘッダー（lesson213.html）

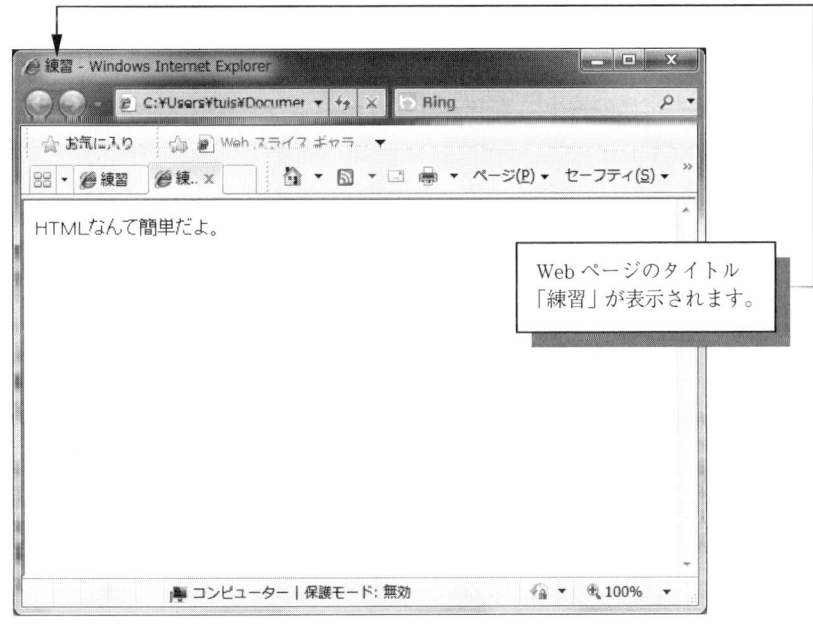

図 2.15　ヘッダー（lesson213.htm の表示結果）

2.2 文書の作成

2.2.1 見 出 し

文章の見出しには <h> タグを用います（**図 2.16**）。サイズには 1～6 の数値が入ります。表示される文字のサイズと太さは h1 が最も大きく，h6 が最も小さくなります（**図 2.17**）。

```
<hサイズ>内容</hサイズ>
```

図 2.16 見出しの記述

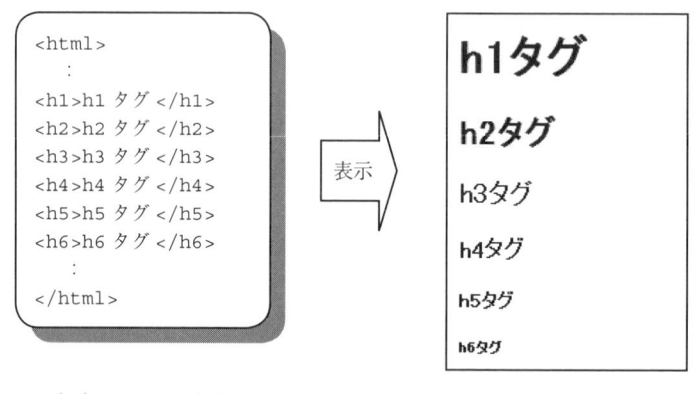

（a） HTML の記述　　　　　　（b） 表示結果

図 2.17 見出しのレベル

見出しを使った文章構成の例を**図 2.18**に示します。他の h 要素の終了タグが記述される前に，つぎの開始タグを記述しないように注意して下さい。

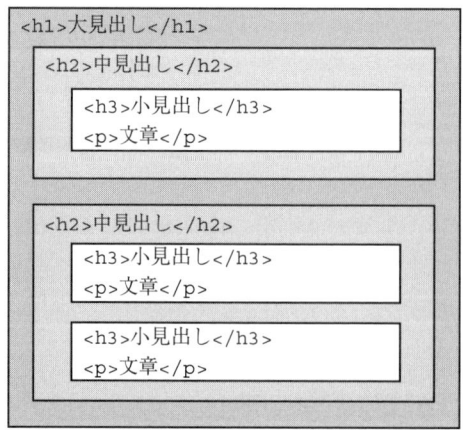

図 2.18 文章構成の例

図 2.19 のサンプル（lesson221.html）を作成し，Web ブラウザーで表示して下さい．見出しを付けた文章が表示されます（図 2.20）．

```
<html>

<head>
<title>練習</title>
</head>

<body>
<h1>今年度の目標</h1>
<p>自分のホームページを作成する。</p>
<h2>前期の目標</h2>
<p>HTMLの基礎技術を身につける。</p>
<h2>後期の目標</h2>
<p>HTMLの応用技術を身につける。</p>
</body>

</html>
```

図 2.19　見出し（lesson221.html）

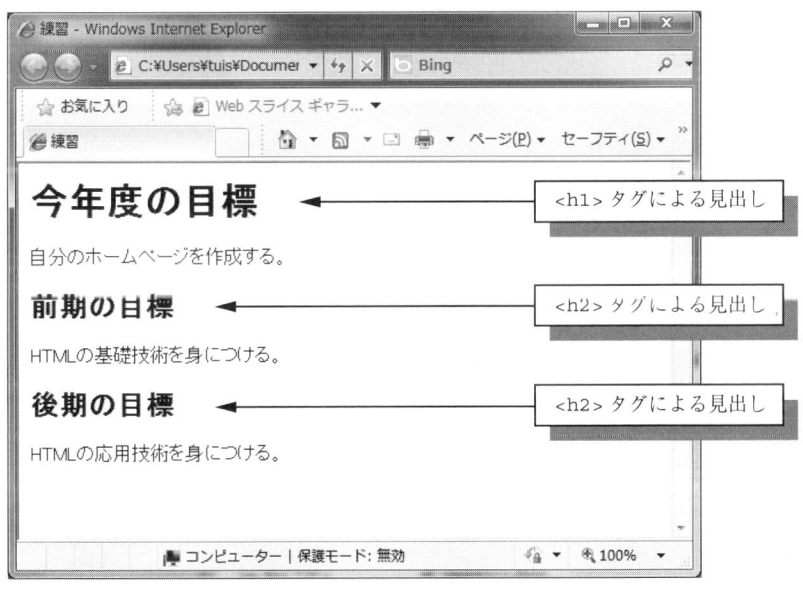

図 2.20　見出し（lesson221.html の表示結果）

2.2.2 段落と改行

文章を記述する場合は，段落タグを利用します．段落タグには，余白付き段落用の <p> タグ（**図 2.21**，**2.22**）と，余白なし段落用の <div> タグ（**図 2.23**，**2.24**）があります．文章中で改行が必要な場合は，
 タグを利用して改行します（**図 2.25**）．

（1） 余白付き段落

余白付き段落は <p> タグを用います（図 2.21）．余白付き段落は，図 2.22 に示すように，文章の前後に空白行が 1 行入ります．

図 2.21　余白付き段落の記述

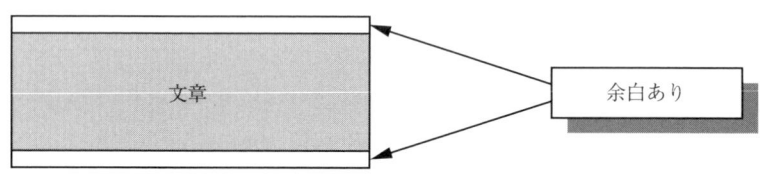

図 2.22　余白付き段落

（2） 余白なし段落

余白なし段落は <div> タグを用います（図 2.23）．余白なし段落は，図 2.24 に示すように，文章の前後に余白が入りません．

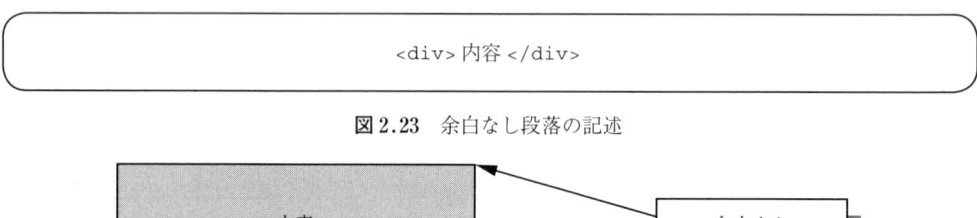

図 2.23　余白なし段落の記述

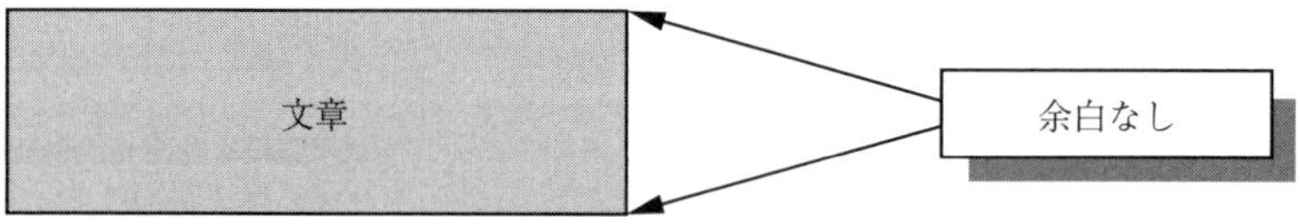

図 2.24　余白なし段落

（3） 改　行

文書中における改行は，
 タグにより指定します．
 タグには終了タグはありません（図 2.25）．

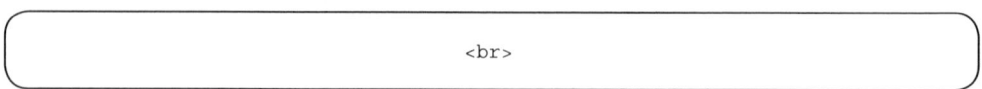

図 2.25　改行の設定

図 2.26 のサンプル（lesson222.html）を作成し，Web ブラウザーで表示して下さい。改行タグを付けていないほうの段落は，HTML 文書中に改行して記述しても，改行されずに表示されます（図 2.27）。

```
<html>

<head>
<title> 練習 </title>
</head>

<body>
<p>
1 行目です。
2 行目です。
</p>

<div>
1 行目です。<br>    ← <br> タグによる改行
2 行目です。
</div>
</body>

</html>
```

図 2.26　段落と改行（lesson222.html）

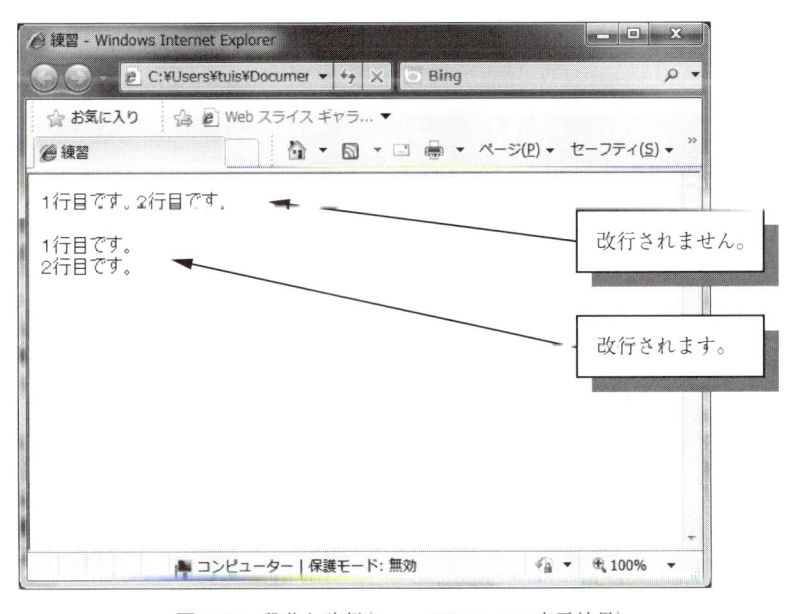

図 2.27　段落と改行（lesson222.html の表示結果）

2.2.3 整形ずみテキスト

書いた文章をそのままの形式でWebページに表示させたい場合は，<pre>タグを用います（**図 2.28**）。pre要素内では，空白や改行などもそのまま表示されます。

```
<pre> 内容 </pre>
```

図 2.28 整形ずみテキストの記述

（1） 特殊文字

文章をそのまま表示するpre要素においても「¥」や「"」などの記号は特殊文字として処理されます。記号のとおり表示させるには，特別な表記方法が決められています。おもな特殊文字を**表 2.1**に示します。

表 2.1 特 殊 文 字

記　号	キーワード	＃番号	説　　明
"	&quot;	&#34;	ダブルクォーテーション
&	&amp;	&#38;	アンパサンド
<	&lt;	&#60;	小なり
>	&gt;	&#62;	大なり
¥	&yen;	&#162;	円
©	&copy;	&#169;	コピーライト
			半角空白

HTMLでは，カッコ（<）から始まる文字はタグとして認識されるので，pre要素内のみでなくとも，特殊文字は，キーワードもしくは＃番号で指定して表示させます。

（2） 文章フォーマット

HTMLは基本的に自由フォーマットです。文章自体に改行がなくてもWebブラウザーは正しくHTMLを処理して表示します（ただしpre要素内は例外）。さらに，空白やタブが複数あったとしても，一つの空白として表示されます。

したがって，タグの記述方法さえ間違わなければ自由に記述できますが，改行やタブ(tab)などを利用して，HTMLを編集する人にとって見やすいように工夫することもできます。**図 2.29**は図 2.26のHTML文章中に改行を入れないで記述した場合です。改行を入れないでHTMLを記述すると，たいへん見づらいものとなります。

```
<html><head><title>練習</title></head><body><p>1行目です。2行目です。</p><div>1行目です。<br>2行目です。</div></body></html>
```

図 2.29 改行を入れないで記述したHTMLの文章

図 2.30 のサンプル（lesson223.html）を作成し，Web ブラウザーで表示して下さい。p 要素内では，文書はそのままの状態では表示されませんが，pre 要素内では，そのままの状態で表示されます（図 2.31）。

```html
<html>

<head><title>練習</title></head>

<body>
<p>
1 2 3 4 5
  1 2 3 4 5
    1 2 3 4 5
</p>
<pre>
1 2 3 4 5
  1 2 3 4 5
    1 2 3 4 5
</pre>
</body>

</html>
```

図 2.30　整形ずみテキスト（lesson223.html）

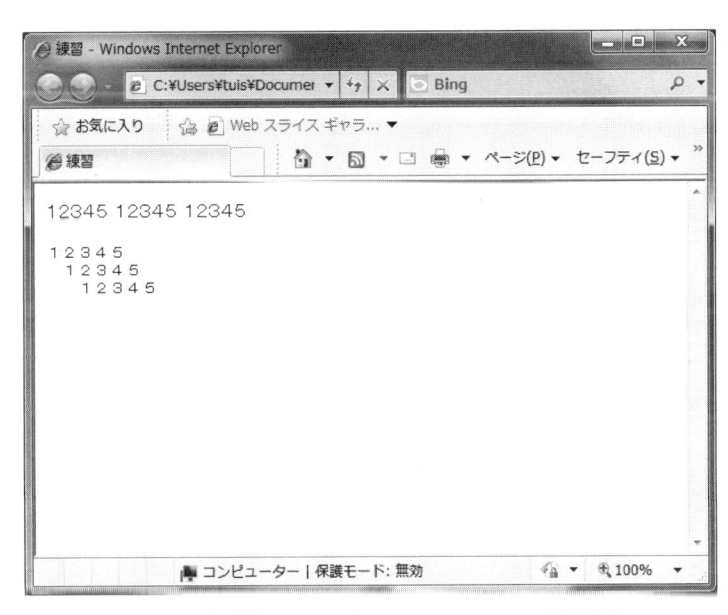

図 2.31　整形ずみテキスト（lesson223.html の表示結果）

32　　2. HTML

2.2.4 コメント文

HTMLに注釈やメモを挿入する場合は，コメント文を利用します。コメント文は，<!-- で始まり，--> で終了します（**図2.32**）。コメント文は，2行以上にわたって記述することも可能です（**図2.33**）。コメント文は，Webブラウザーに表示されません（**図2.34**）。

```
<!-- コメント -->
```

図2.32　1行のコメント文の記述

```
<!--
コメント1行目
コメント2行目
    :
    :
    :
    :
-->
```

図2.33　2行以上にわたるコメント文の記述

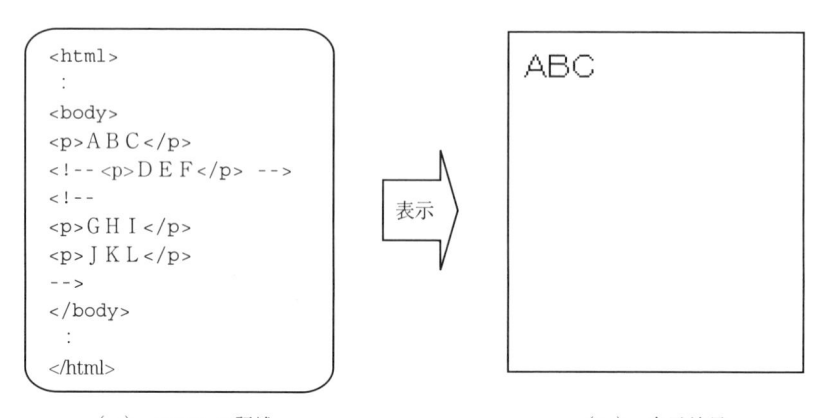

```
<html>
 :
<body>
<p>A B C</p>
<!-- <p>D E F</p> -->
<!--
<p>G H I</p>
<p>J K L</p>
-->
</body>
 :
</html>
```

（a）HTMLの記述　　→表示→　　ABC

（b）表示結果

図2.34　コメント文の記述の例

図 2.35 のサンプル（lesson224.html）を作成し，Web ブラウザーで表示して下さい。「こんにちは。」は表示されますが，コメント文の中に記述した「さようなら。」は表示されません（図 2.36）。

```
<html>

<head>
<title>練習</title>
</head>

<body>
<p>こんにちは。</p>
<!--
<p>さようなら。</p>
-->
</body>

</html>
```

図 2.35　コメント文（lesson224.html）

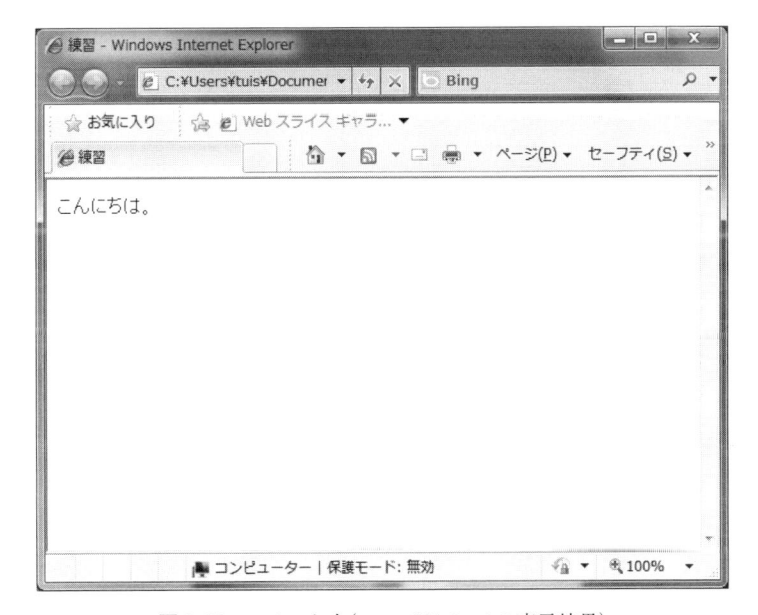

図 2.36　コメント文（lesson224.html の表示結果）

2.2.5 罫線の挿入

Web ページに罫線を挿入する場合には <hr> タグを指定します。<hr> タグには終了タグはありません（図 2.37，図 2.38）。

```
<hr>
```

図 2.37 罫線の記述

罫線の，長さ（width），太さ（size），位置（align），色（color）は，**表 2.2** に示す属性により指定します（RGB 値は 2.3.2 項，画素数は 2.6.2 項を参照）。

表 2.2 罫線の属性とその値

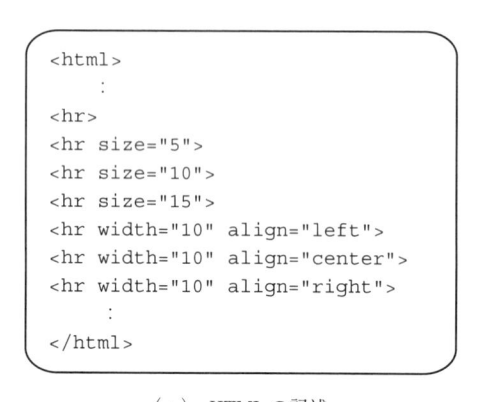

属性	属性値	説明
width	パーセント，画素(ピクセル)数	長さを指定します(省略時は100%)
size	ピクセル数	太さを指定します
align	left, center, right	左寄せ，中央揃え，右寄せの指定
color	RGB 値，色名称	色を指定します

```
<html>
    :
<hr>
<hr size="5">
<hr size="10">
<hr size="15">
<hr width="10" align="left">
<hr width="10" align="center">
<hr width="10" align="right">
    :
</html>
```

（a）HTML の記述　　　　　　　　（b）表示結果

図 2.38 罫線の記述例

図 2.39 のサンプル（lesson225.html）を作成し，Web ブラウザーで表示して下さい。指定した長さ，太さ，位置，色の罫線が表示されます（**図 2.40**）。

```html
<html>

<head><title>練習</title></head>

<body>
<hr>
<hr size="10">
<hr size="20">
<hr width="10%">
<hr width="20%">
<hr width="30%">
<hr width="50" align="left">
<hr width="100" align="center">
<hr width="150" align="right">
<hr color="red">
<hr color="blue">
</body>

</html>
```

図 2.39 罫線の挿入（lesson225.html）

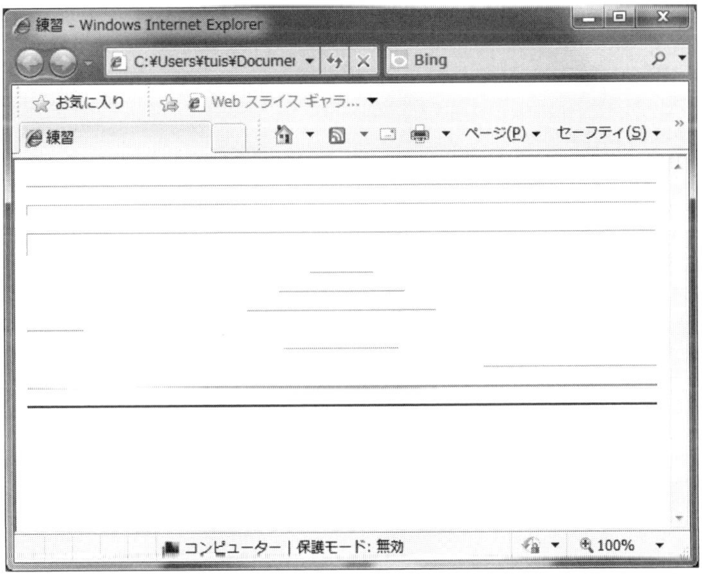

図 2.40 罫線の挿入（lesson225.html の表示結果）

2.3 文字の設定

2.3.1 文字の大きさ

文字のサイズは，<font>タグとsize属性により指定します（**図2.41**）。サイズには1～7の数値が入ります。表示される文字のサイズと太さは1が最も小さく，7が最も大きくなります。サイズを指定しない場合は3となります。さらに，基本の文字サイズに対してプラス（+）やマイナス（-）により指定する方法もあります（**図2.42**）。この場合も，サイズの最小値は1で，最大値は7です。

```
<font size="サイズ">文字</font>
```

図2.41　数値による文字サイズの指定

```
<font size="+サイズ">文字</font>
<font size="-サイズ">文字</font>
```

図2.42　基本サイズに対する文字サイズの指定

なお，広く利用されているワープロソフト（Microsoft Word）の文字設定機能と，HTMLのタグとの関係は**図2.43**に示すようになります。

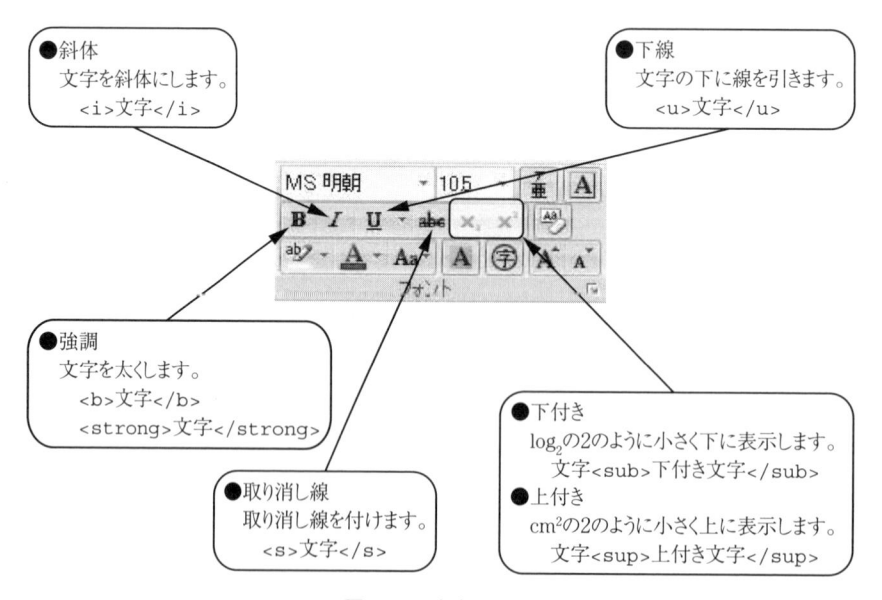

●斜体
文字を斜体にします。
文字

●下線
文字の下に線を引きます。
<u>文字</u>

●強調
文字を太くします。
文字
文字

●取り消し線
取り消し線を付けます。
<s>文字</s>

●下付き
$\log_2$の2のように小さく下に表示します。
文字_{下付き文字}

●上付き
cm^2の2のように小さく上に表示します。
文字^{上付き文字}

図2.43　文字の属性

2.3 文字の設定　37

　図 2.44 のサンプル（lesson231.html）を作成し，Web ブラウザーで表示して下さい。指定したサイズの文字が表示されます（**図 2.45**）。

```html
<html>

<head>
<title>練習</title>
</head>

<body>
<p>
<font size="1">文字サイズ1</font><br>
<font size="2">文字サイズ2</font><br>
<font size="3">文字サイズ3</font><br>
<font size="4">文字サイズ4</font><br>
<font size="5">文字サイズ5</font><br>
<font size="6">文字サイズ6</font><br>
<font size="7">文字サイズ7</font><br>
</p>
</body>

</html>
```

図 2.44　文字の大きさ（lesson231.html）

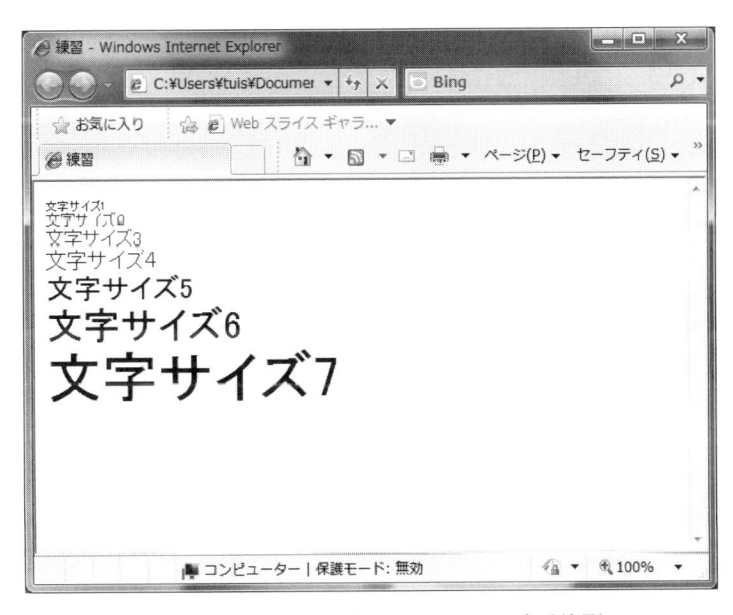

図 2.45　文字の大きさ（lesson231.html の表示結果）

2.3.2 文字の色

文字の色は，`<font>`タグと`color`属性により指定します。`color`属性の属性値は，色名称あるいは，RGB値により指定します（**図 2.46**, **2.47**, **表 2.3**）。

```
<font color="色名称"> 文字 </font>
```

図 2.46 色名称による文字の色の指定

```
<font color="RGB値"> 文字 </font>
```

図 2.47 RGB値による文字の色の指定

RGB値とは，色をシャープ（#）に続けて2桁の16進数（0, 1, 2, 3, 4, 5, 6, 7, 8, 9, a, b, c, d, e, f）で，赤（Red）緑（Green）青（Blue）の順に指定します。それぞれの色につき，00～ffの256段階の強度で指定します。

RGB値の考え方は光の3原色と同じです。赤，緑，青それぞれの色の強度が最大の`#ffffff`は白を表し，最小の`#000000`は黒を表します。なお，代表的な色には名前が与えられていますので，色名称を利用することもできます（**表 2.3**）。

表 2.3 色名称とRGB値の対応

色名称	RGB値	色名称	RGB値
black	#000000	maroon	#800000
silver	#c0c0c0	red	#ff0000
gray	#808080	purple	#800080
white	#ffffff	fuchsia	#ff00ff
lime	#008000	navy	#000080
green	#00ff00	blue	#0000ff
olive	#808000	teal	#008080
yellow	#ffff00	aqua	#00ffff

図2.48のサンプル（lesson232.html）を作成し，Webブラウザーで表示して下さい。指定した色の文字が表示されます（図2.49）。

```html
<html>

<head>
<title>練習</title>
</head>

<body>
<p>
<font color="red"> 文字色は赤です。</font><br>
<font color="green"> 文字色は緑です。</font><br>
<font color="blue"> 文字色は青です。</font><br>
<font color="#ff0000"> 文字色は赤です。</font><br>
<font color="#00ff00"> 文字色は緑です。</font><br>
<font color="#0000ff"> 文字色は青です。</font><br>
<font color="#c0c0c0"> 文字色はシルバーです。 </font><br>
</p>
</body>

</html>
```

図 2.48　文字の色（lesson232.html）

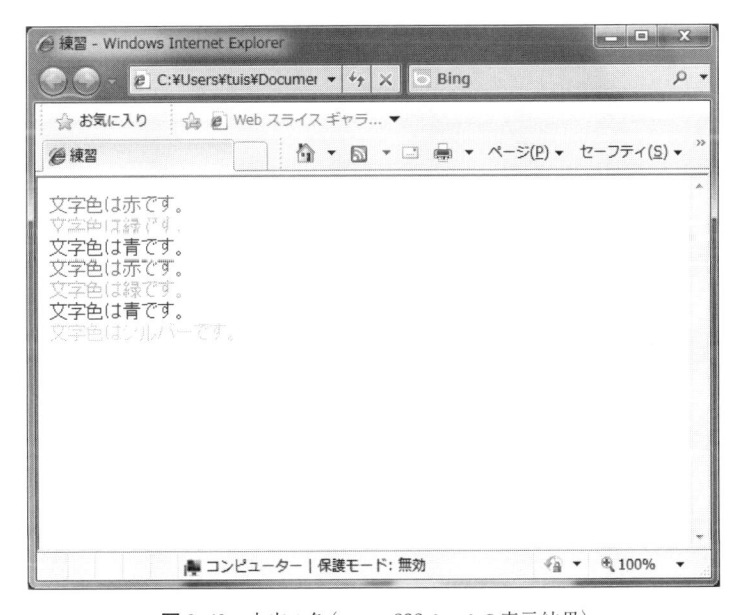

図 2.49　文字の色（lesson232.html の表示結果）

2.3.3 文字の位置

文字の位置は，`<div>`タグと align 属性で指定します（**図 2.50**，**図 2.51**）。位置には**表 2.4**に示す属性値が入ります。

```
<div align="位置"> 文字 </div>
```

図 2.50 文字の位置の指定

表 2.4 文字の位置

属性値	位　　置
left	左寄せ
center	中央揃え
right	右寄せ

```
<html>
 :
<div align="left">左寄せ</div>
<div align="center">中央揃え/div>
<div align="right">右寄せ</div>
 :
</html>
```

（a）HTML の記述

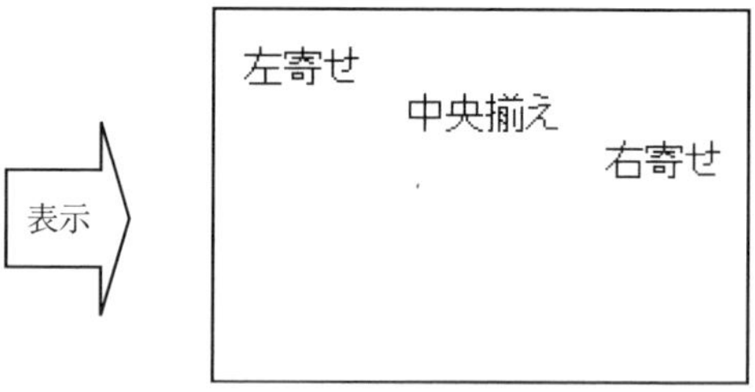

（b）表 示 結 果

図 2.51 文字の位置の指定例

図 2.52 のサンプル（lesson233.html）を作成し，Web ブラウザーで表示して下さい。指定した位置に文字が表示されます（**図 2.53**）。

```
<html>

<head>
<title>練習</title>
</head>

<body>
<p>
<div align="left">左寄せ文字</div>
<div align="center">中央揃え文字</div>
<div align="right">右寄せ文字</div>
</p>
</body>

</html>
```

図 2.52 文字の位置（lesson233.html）

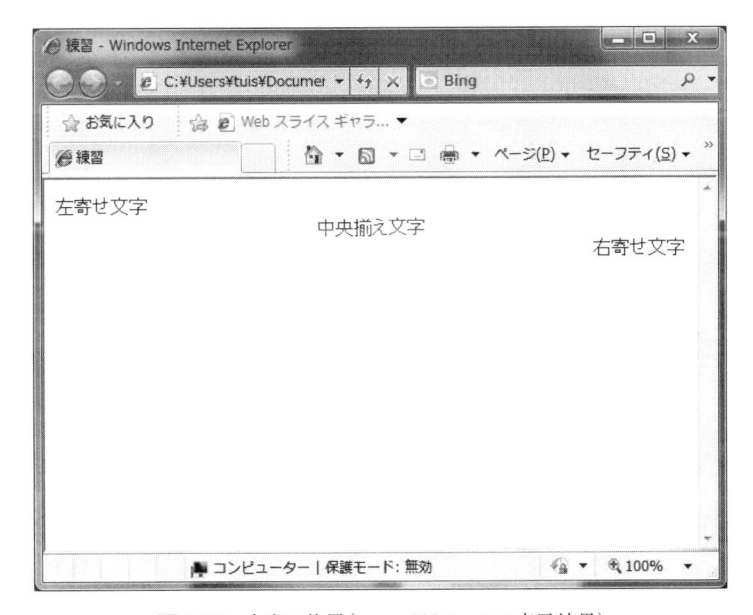

図 2.53 文字の位置（lesson233.html の表示結果）

2.4 背景の設定

2.4.1 背景の色

Webページの背景の色は，<body>タグとbgcolor属性により指定します（図2.54, 2.55）。色は色名称あるいはRGB値で指定します（色名称およびRGB値については2.3.2項を参照）。

```
<body bgcolor="色">
```

図2.54 背景の色の指定

```
<html>
  :
<body>
  :
  :
  :
</body>
  :
</html>
```

（a） HTMLの記述　　　　→表示→　　　　（b） 表示結果

```
<html>
  :
<body bgcolor="aqua">
  :
  :
  :
</body>
  :
</html>
```

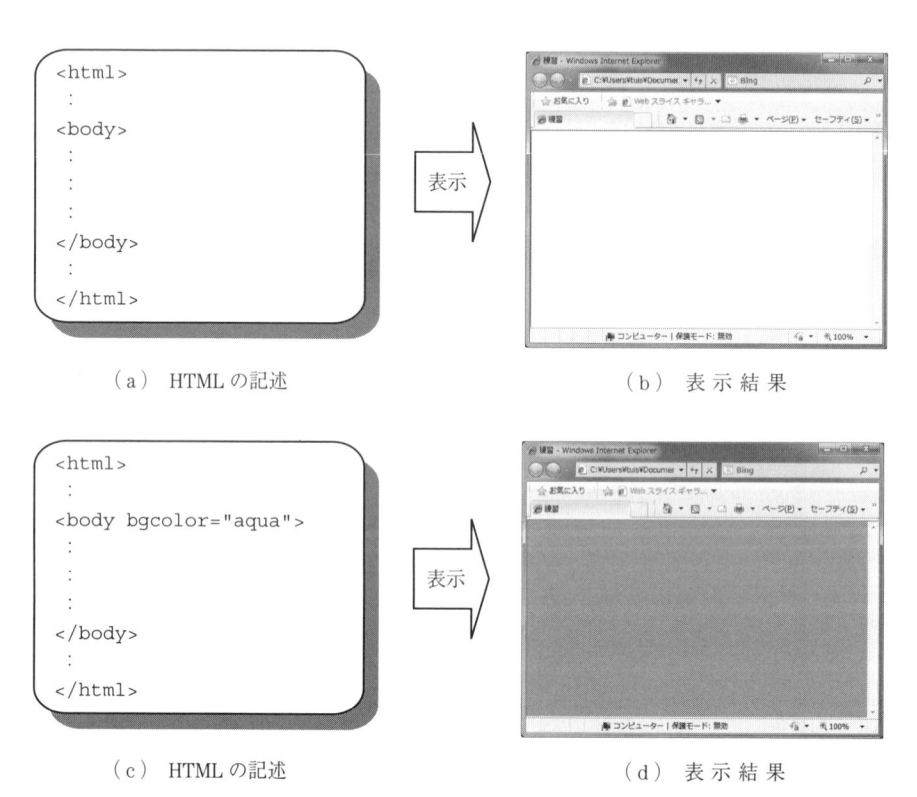

（c） HTMLの記述　　　　→表示→　　　　（d） 表示結果

図2.55 背景の色の指定例

2.4 背 景 の 設 定　　43

図2.56のサンプル（lesson241.html）を作成し，Webブラウザーで表示して下さい。指定した色の背景が表示されます（**図2.57**）。

```
<html>

<head>
<title>練習</title>
</head>

<body bgcolor="#00cc55">
<p>
背景とする色により，文字の色を変更した方が良い場合もあります。<br>
例えば，背景とする色が黒系統の場合は，文字を白系統にします。
</p>
</body>

</html>
```

図2.56　背景の色（lesson241.html）

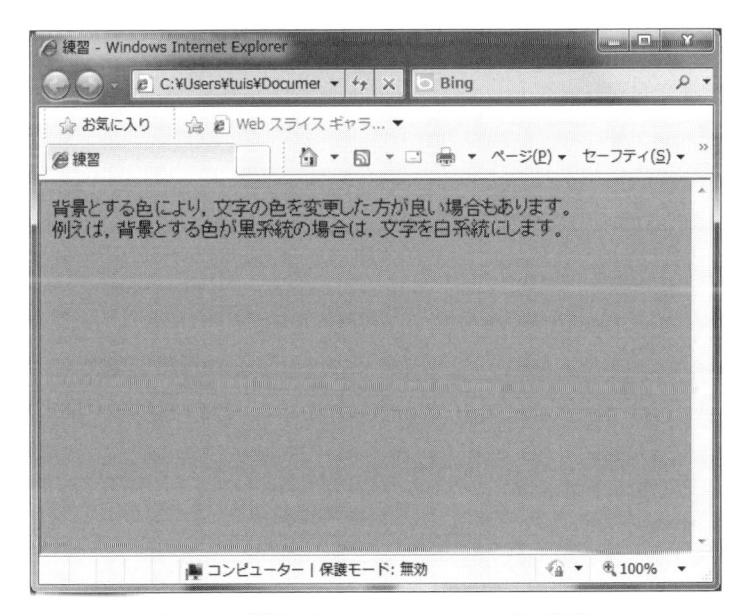

図2.57　背景の色（lesson241.htmlの表示結果）

2.4.2 背景の画像

Webページの背景に画像を挿入するには<body>タグのbackground属性により指定します（**図2.58**）。属性値には画像ファイル名を指定します。ただし，指定方法は画像ファイルの保存場所に依存します。

```
<body background="画像ファイル名">
            :
</body>
```

図2.58 背景の画像の指定

画像ファイルの指定方法には，絶対指定と相対指定があります。

●**絶対指定**

「http://」から始まる指定方法です。HTMLファイルの場所によらずに指定できます。インターネットに公開されている情報などを指定する場合に利用します。

●**相対指定**

対象となるファイルやリンク先と，HTMLファイルとの関係によって決まる指定方法です。HTMLファイルから見て，対象となるファイルがどこにあるかで記述方法が変わります（**表2.5**，**図2.59**）。

表2.5 ファイルの相対指定

対象の場所	記述方法	例
① 同一フォルダー	対象ファイル名のみ	"sample1.jpg"
② 下位フォルダー	対象フォルダー名／対象ファイル名	"folder2/sample2.jpg"
③ 上位フォルダー	../対象ファイル名	"../sample3.jpg"
④ 同位のフォルダー	../対象フォルダー／対象ファイル名	"../folder4/sample4.jpg"

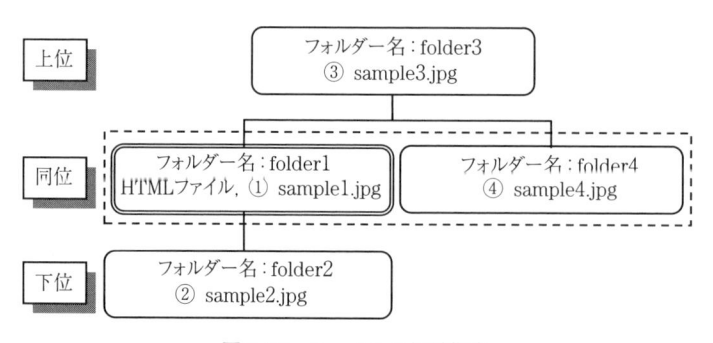

図2.59 ファイルの相対指定

図 2.60 のサンプル（lesson242.html）を作成し，sample.jpg という名前の画像ファイルを同じフォルダーに用意し，Web ブラウザーで表示して下さい。背景に sample.jpg ファイルの画像が表示されます（図 2.61）。

```html
<html>

<head>
<title>練習</title>
</head>

<body background="sample.jpg">
<p>
背景とする画像により，文字の色を変更した方が良い場合もあります。<br>
例えば，背景とする画像が黒系統の場合は，文字を白系統にします。
</p>
</body>

</html>
```

図 2.60　背景の画像（lesson242.html）

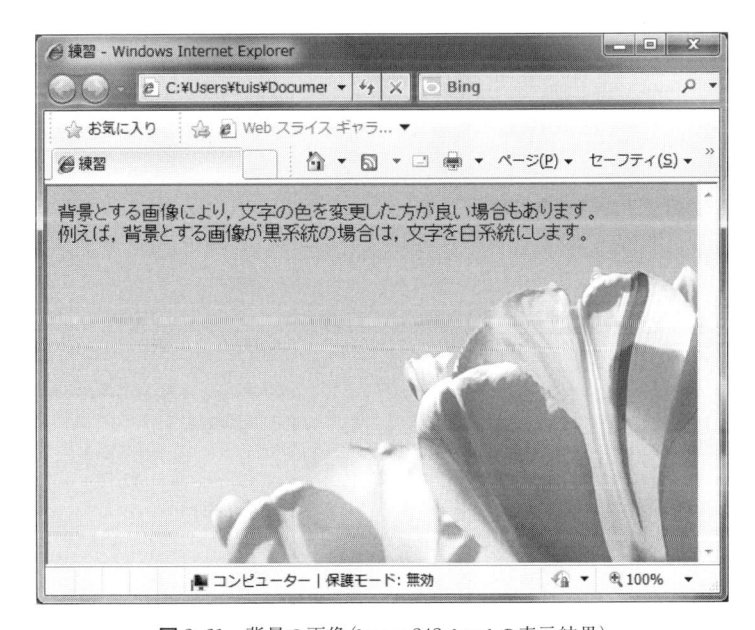

図 2.61　背景の画像（lesson242.html の表示結果）

2.5 箇条書きの設定

2.5.1 番号なしリスト

各項目に番号の付かない箇条書きは `<ul>` タグで指定します。各項目は `<li>` タグで指定します（図 2.62, 2.63）。また，リストを階層（入れ子）構造にすることもできます（図 2.64）。

```
<ul>
<li> 項目 1</li>
<li> 項目 2</li>
<li> 項目 3</li>
    :
</ul>
```

図 2.62 番号なしリストの記述

```
<html>
  :
<ul>
<li> 項目 1</li>
<li> 項目 2</li>
<li> 項目 3</li>
</ul>
  :
</html>
```

（a） HTML の記述

- 項目 1
- 項目 2
- 項目 3

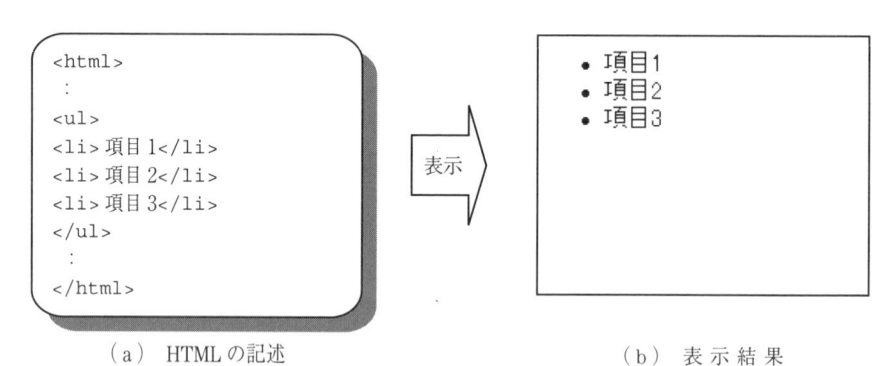

（b） 表 示 結 果

図 2.63 番号なしリストの記述例

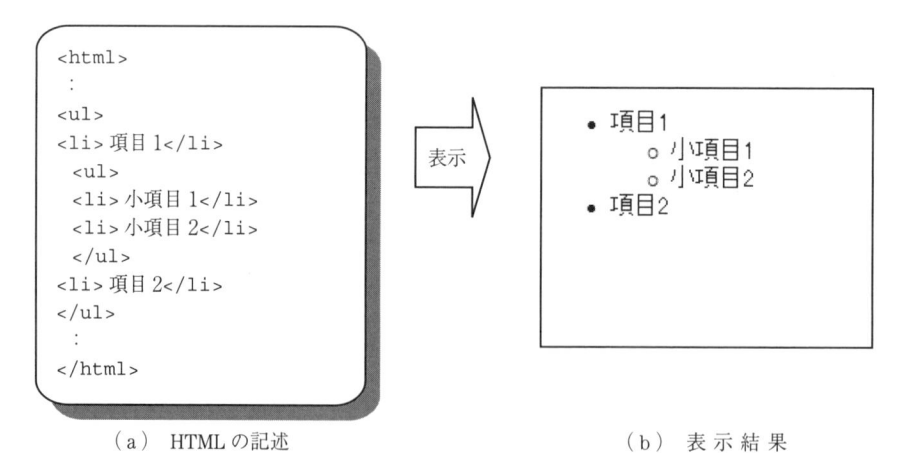

```
<html>
  :
<ul>
<li> 項目 1</li>
  <ul>
  <li> 小項目 1</li>
  <li> 小項目 2</li>
  </ul>
<li> 項目 2</li>
</ul>
  :
</html>
```

（a） HTML の記述

- 項目 1
  - 小項目 1
  - 小項目 2
- 項目 2

（b） 表 示 結 果

図 2.64 番号なしリストの階層構造

2.5 箇条書きの設定　47

図 2.65 のサンプル（lesson251.html）を作成し，Web ブラウザーで表示して下さい。
番号なしリストが表示されます（**図 2.66**）。

```
<html>

<head><title>練習</title></head>

<body>
<ul>
<li>三角形の種類</li>
    <ul>
    <li>正三角形</li>
    <li>二等辺三角形</li>
    </ul>
<li>四角形の種類</li>
    <ul>
    <li>正方形</li>
    <li>平行四辺形</li>
    </ul>
</ul>
</body>

</html>
```

図 2.65　番号なしリスト（lesson251.html）

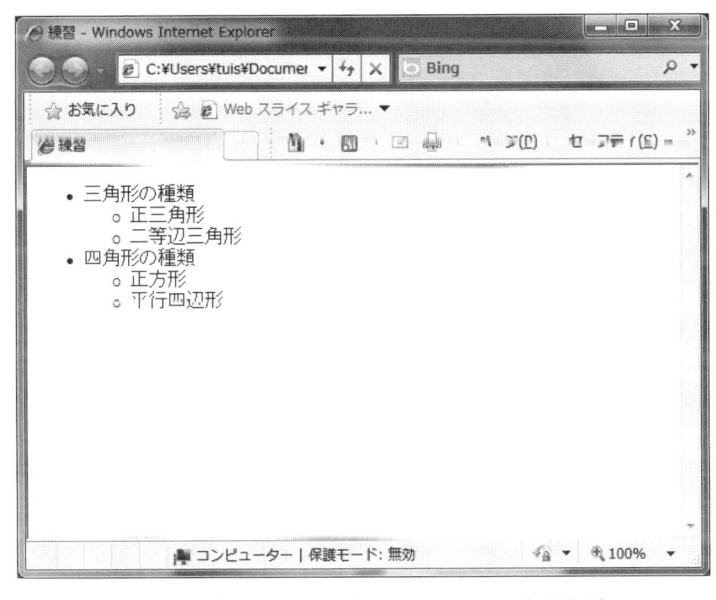

図 2.66　番号なしリスト（lesson251.html の表示結果）

2.5.2 番号付きリスト

各項目に番号が自動的に付く箇条書きは <ol> タグを利用します。各項目は <li> タグで指定します（**図2.67**，**2.68**）。

```
<ol>
<li>項目1</li>
<li>項目2</li>
<li>項目3</li>
   :
</ol>
```

図2.67 番号付きリストの記述

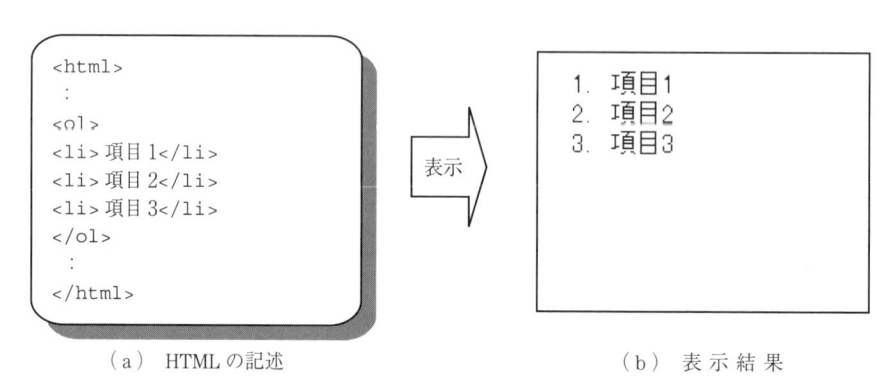

```
<html>
  :
<ol>
<li>項目1</li>
<li>項目2</li>
<li>項目3</li>
</ol>
  :
</html>
```

（a） HTMLの記述

```
1. 項目1
2. 項目2
3. 項目3
```

（b） 表示結果

図2.68 番号付きリストの記述例

また，番号付きラベルは，ラベルの種類と開始番号を指定することができます（**図2.69**）。ラベル形式には，1，a，Aが入り，それぞれラベルが算用数字，小文字アルファベット，大文字アルファベットに設定されます。開始番号には数値が入ります。

```
<ol type="ラベル形式" start="開始番号">
<li>項目1</li>
<li>項目2</li>
<li>項目3</li>
   :
</ol>
```

図2.69 番号付きリストのラベルの設定

図 2.70 のサンプル（lesson252.html）を作成し，Web ブラウザーで表示して下さい。番号付きリストが表示されます（**図 2.71**）。

```html
<html>

<head><title>練習</title></head>

<body>
<ol>
<li>いぬ</li>
<li>さる</li>
<li>きじ</li>
</ol>

<ol type="a">
<li>桃太郎</li>
<li>浦島太郎</li>
<li>金太郎</li>
</ol>
</body>

</html>
```

図 2.70　番号付きリスト（lesson252.html）

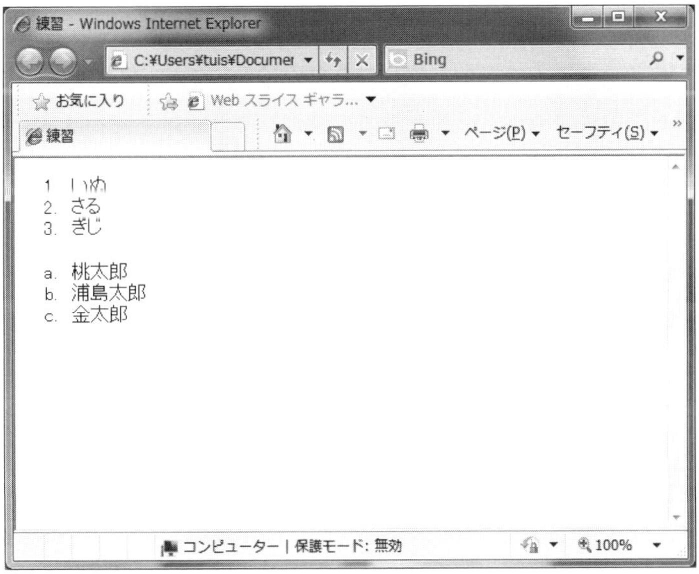

図 2.71　番号付きリスト（lesson252.html の表示結果）

2.6 画像の挿入

2.6.1 Webページで扱える画像と画像処理

Webページで画像を扱う場合，扱える画像の種類とその特徴，さらに基本的な画像処理方法を知っておくと便利です。

（1） Webページで扱える画像

Webブラウザーが表示できる画像ファイルの種類は，つぎの3種類です。それぞれ特徴がありますので，**表2.6**を参考に利用する形式を選んで下さい。

● **GIF形式**

扱える色数が256色のみのため，画像ファイルサイズが小さく，Webページの装飾に利用されます。特徴として，背景を透明にすることや複数の画像ファイルを一つにすることで，パラパラアニメーションができます。

● **JPEG形式**

多くのディジタル機器で利用されている形式で，フルカラー(1 670万色)を表現できます。圧縮効率を変更することで，データ容量を変更できます。Webページで最も多く利用されている形式です。

● **PNG形式**

Webページで利用することを目的に決められた画像形式です。256色モードと1 670万色モードがあり，GIF形式とJPEG形式の両方の特徴をあわせ持っています。今後は多くのWebブラウザーで利用できるようになるでしょう。

表2.6 画像の特徴比較

形　式	拡張子	色　　数	色の透過	アニメーション
GIF	gif	256	○	○
JPEG	jpg	16 777 216	×	×
PNG	png	16 777 216	○	×

● **そのほかの画像形式**

画像の形式は，上記以外にもBMP形式やTIFF形式などがあります。特にWindowsでは，標準の画像形式としてBMP形式を利用していることが多く，注意が必要です。Windows上で表示されていても，インターネットに公開すると，他のOSでは表示されないことがあります。

（2） 画像処理

画像は，Webページに適した形式やサイズにして扱う必要があります。画像形式の変換は，画像処理ソフトウェアで行います。Windowsの場合は，「ペイント」という画像処理ソフトウェ

2.6 画像の挿入   51

アが付属しています。「ペイント」で読み込んだ画像を保存する際に，ファイル形式を選択することで，画像の形式を変更することができます。また，画像サイズの変更も同様にペイントで行えます。

● 「ペイント」による画像形式の変換

「名前を付けて保存」のときに，「ファイルの種類」でファイル形式を選択できます。一般的にはJPEG形式を選択するとよいでしょう（図 2.72）。

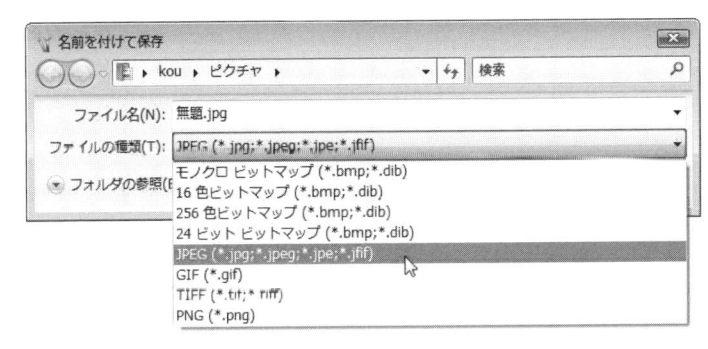

図 2.72 画像の名前を付けて保存

● 「ペイント」による画像サイズの変更

ペイントの「変形」メニューの「サイズ変更/傾斜」で画像サイズを小さくします。水平方向と垂直方向をともに，25%などの小さい値を入れます。サイズ変更後は，必ず保存を行って下さい（図 2.73）。

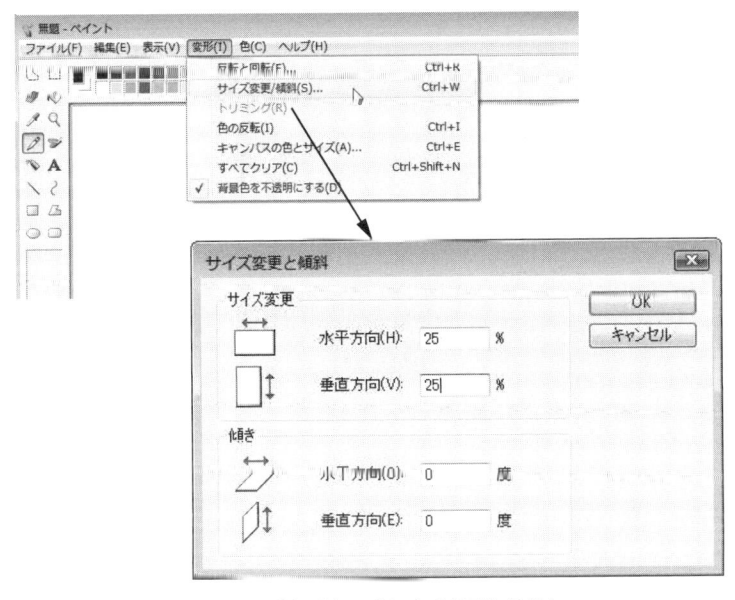

図 2.73 「変形」の「サイズ変更と傾斜」

2.6.2 画像の挿入

Webページへの画像ファイルの挿入は<img>タグにより行います。src属性には画像ファイル名を指定します。そのほか，alt属性に画像に代わる文字（代替テキスト），width属性に画像の横のサイズ，height属性に画像の縦のサイズをそれぞれ画素数で指定します（**図2.74**）。

```
<img src="画像ファイル名" width="横サイズ" height="縦サイズ" alt="代替テキスト">
```

図 2.74　画像の挿入

● 画像のサイズ

画像のサイズは画素（ピクセル）数で表現されます。滑らかに見える円でも，拡大すると格子状に分かれた小さな四角が集まって画像が構成されています。この一つの小さな四角が画素に相当します（**図2.75**）

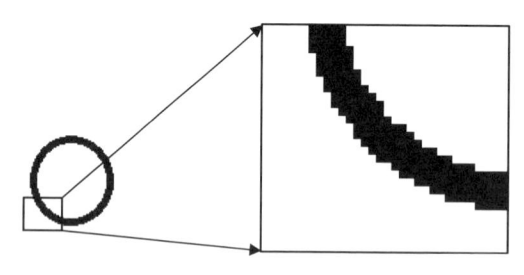

図 2.75　画像の拡大とピクセル

● 画像サイズの調べ方

画像のサイズを知りたいときには，ファイルのプロパティを見ることで調べることができます。画像ファイルの上で右クリックし，「プロパティ」を選択します。プロパティ画面の「詳細」タブを選択すると，ファイルのサイズや色の情報が得られます（**図2.76**）。

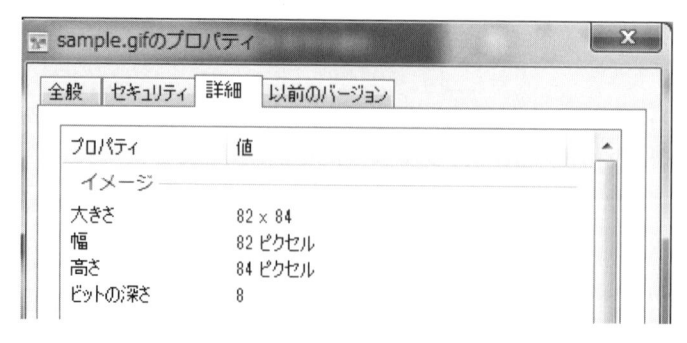

図 2.76　画像のプロパティ

2.6 画像の挿入　　53

　図 2.77 のサンプル (lesson262.html) を作成し，sample.jpg という画像ファイルを同じフォルダーに置き，Web ブラウザーで表示して下さい。画像が指定した大きさで表示されます（**図 2.78**）。

```
<html>

<head>
<title>練習</title>
</head>

<body>
<img src="sample.jpg" width="256" height="192">
</body>

</html>
```

図 2.77　画像の挿入（lesson262.html）

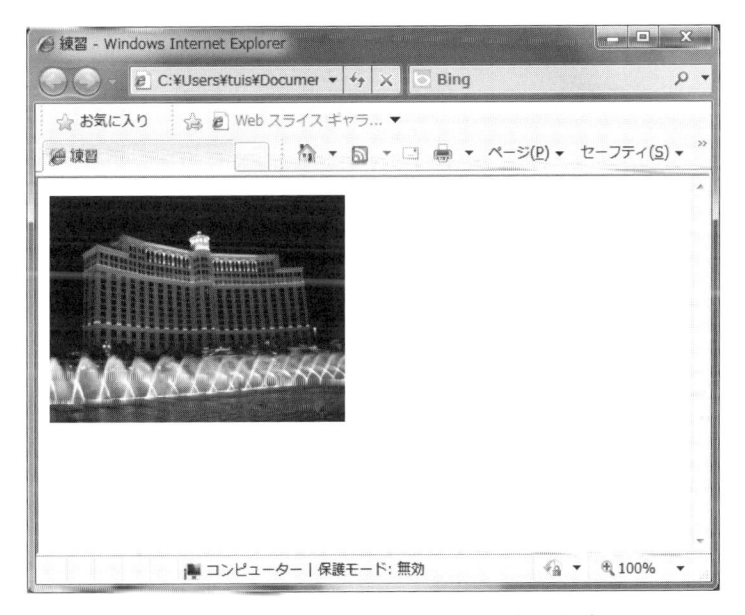

図 2.78　画像の挿入（lesson262.html の表示結果）

2.6.3 画像の配置と文字の回り込み

画像と文字を配置する場合，画像の左右に文字を配置する方法と，画像に対して文字を回り込ませて配置する方法があります．

（1） 画像と文字の配置

画像の配置は<img>タグとalign属性で指定します（**図2.79**）．位置には，**表2.7**に示す属性値を指定します．

```
<img src="画像ファイル名" align="位置">
```

図2.79 画像と文字の配置の指定

表2.7 画像と文字の配置

属性値	説　明	例
top	画像の上部と文字の上部を揃える	`<img src="sample.jpg" align="top">`
middle	画像の中心と文字の下部を揃える	`<img src="sample.jpg" align="middle">`
bottom	画像の下部と文字の下部を揃える	`<img src="sample.jpg" align="bottom">`

（2） 画像と文字の回り込み配置

画像に対する文字の回り込み配置は<img>タグとalign属性で指定します．位置には**表2.8**に示す属性値を指定します（**図2.80**）．

表2.8 画像と文字の回り込み配置

属性値	説　明	例
left	画像を左に，文字は右に回り込み配置	`<img src="sample.jpg" align="left">`
right	画像を右に，文字は左に回り込み配置	`<img src="sample.jpg" align="right">`

```
<html>
 :
<img src="sample.jpg" align="left">
ABCDEFGHIJKLMNO
<br><br>
<img src="sample.jpg" align="right">
ABCDEFGHIJKLMNO
 :
</html>
```

（a） HTMLの記述　　　　　　　　（b） 表示結果

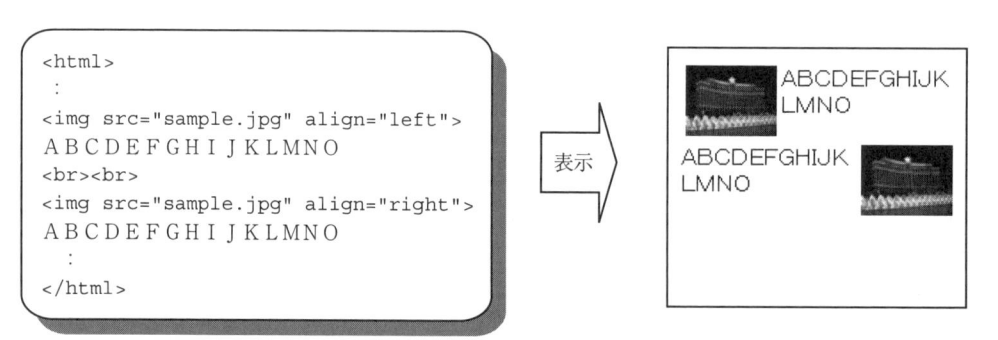

図2.80 画像と文字の回り込み配置の記述例

2.6 画像の挿入

図 2.81 のサンプル(lesson263.html)を作成し，sample.jpg という画像ファイルを同じフォルダーに置き，Web ブラウザーで表示して下さい。画像に対し，指定した位置に文字が配置されます（**図 2.82**）。

```
<html>

<head>
<title>練習</title>
</head>

<body>
<p>
ABC<img src="sample.jpg" align="top" width="64" height="48">DEF
<br><br>
ABC<img src="sample.jpg" align="middle" width="64" height="48">DEF
<br><br>
ABC<img src="sample.jpg" align="bottom" width="64" height="48">DEF
<p>
</body>

</html>
```

図 2.81　画像配置と文字の回り込み（lesson263.html）

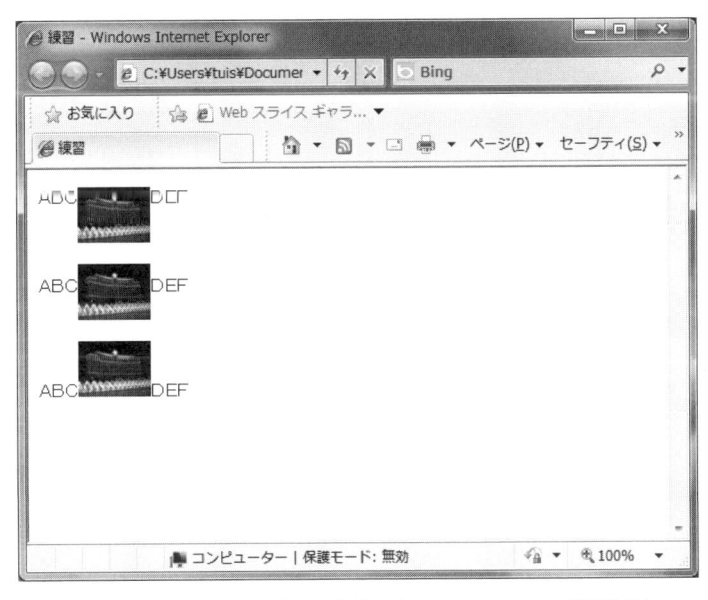

図 2.82　画像配置と文字の回り込み(lesson263.html の表示結果)

2.7 ハイパーリンクの設定

2.7.1 Web ページ内へのハイパーリンク

1画面に収まらない Web ページなどでは，ハイパーリンクを利用して目次を作成すると便利です。リンク元をクリックすることで，リンク先の文章へ移動することができます。

Web ページ内へのハイパーリンクは，リンク元に <a> タグと href 属性を設定し，リンク先に <a> タグと name 属性，または任意のタグと id 属性を設定します（**図 2.83**，**2.84**）。

```
<a href="#識別の文字">リンクの文字</a>
  :
<a name="識別の文字"> または <任意のタグ id="識別の文字">
```

図 2.83 Web ページ内へのハイパーリンクの設定

```
<html>
  :
<h3>目次</h3>

<ul>
<li><a href="#no1">第1章</a></li>
<li><a href="#no2">第2章</a></li>
<li><a href="#no3">第3章</a></li>
</ul>

<h3 id="no1">第1章</h3>

<h3 id="no2">第2章</h3>

<h3 id="no3">第3章</h3>
  :
</html>
```

（a） HTML の記述　　　　　　　　　　（b） 表示結果

リンク元をクリックするとリンク先へジャンプします。

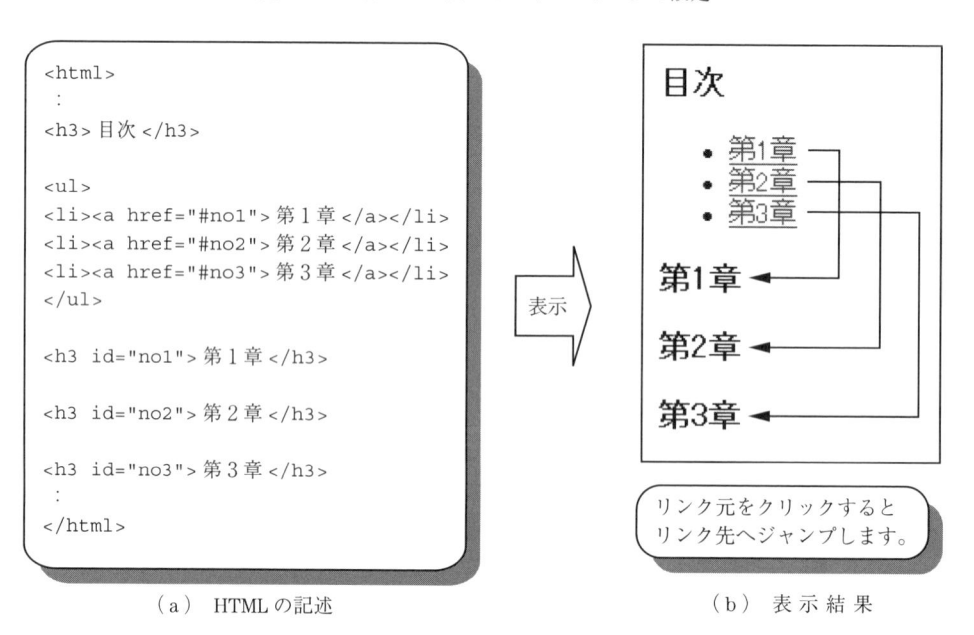

図 2.84 Web ページ内へのハイパーリンクの設定例

図 2.85 のサンプル（lesson271.html）を作成し，Web ブラウザーで表示して下さい。Web ページ内にリンクが設定されますので，リンクをクリックして動作を確認して下さい（図 2.86）。なお，リンク先への移動を確認するため，図 2.86 のように Web ブラウザーを小さめに表示して動作を確認して下さい。

```html
<html>

<head><title>練習</title></head>

<body>
<h3 id="menu">目次</h3>
<ul>
<li><a href="#section1">第1章</a></li>
<li><a href="#section2">第2章</a></li>
</ul>

<h3 id="section1">第1章</h3>
<p>ここは第1章です。</p>
<a href="#menu">目次へ</a>

<h3 id="section2">第2章</h3>
<p>ここは第2章です。</p>
<a href="#menu">目次へ</a>
</body>

</html>
```

図 2.85　Web ページ内へのハイパーリンク（lesson271.html）

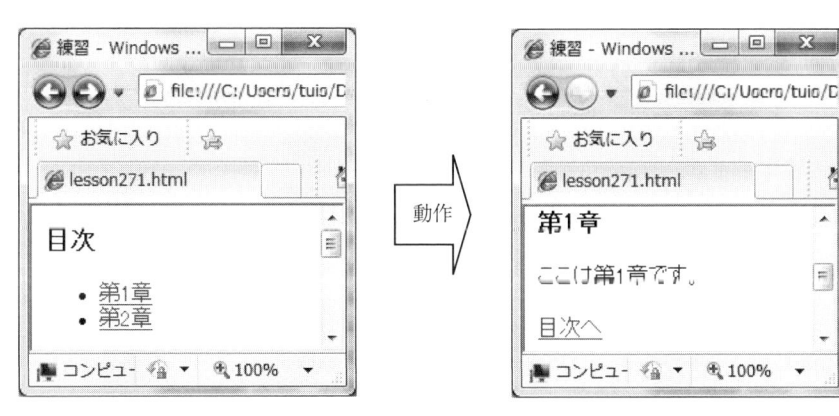

（a）リンクをクリックする前　　（b）リンクをクリックした後

図 2.86　Web ページ内へのハイパーリンク（lesson271.html の表示結果）

2.7.2 外部の Web ページへのハイパーリンク

外部にある Web ページへのハイパーリンクは <a> タグと href 属性により指定します。Web ページのアドレスには，ファイル名あるいは URL を記述します。リンクの文字には，リンク先の Web ページのアドレス，あるいはそれを表す語句を記述します（**図 2.87**）。

```
<a href="Webページのアドレス">リンクの文字</a>
```

図 2.87 外部の Web ページへのハイパーリンクの記述

（1） 外部の Web ページの指定

外部の Web ページの指定方法には，ファイル名による指定と URL による指定があります（**図 2.88**）。リンク先の Web ページが同一のコンピューターにある場合はファイル名で，外部のコンピューターにある場合は URL により指定します。

この例では，ファイル名による指定では同一のコンピューターにあるファイル「link1.html」へ，URL による指定では外部サイトの「Yahoo! JAPAN」へのハイパーリンクを設定しています（ファイル名による指定は 2.4.2 項参照）。

```
●ファイル名による指定
  <a href="link1.html">link1</a>
●URL による指定
  <a href="http://www.yahoo.co.jp/">Yahoo! JAPAN</a>
```

図 2.88 外部の Web ページの指定

（2） target 属性

ハイパーリンク先を Web ブラウザーでどのように開くかは，target 属性で指定します。<a> タグの href 属性に続いて記述します（**図 2.89**）。ターゲットの方法には，**表 2.9** に示す属性値を指定します。

```
<a href="Webページのアドレス" target="ターゲット方法">リンクの文字</a>
```

図 2.89 ハイパーリンク先の Web ブラウザーの開き方の記述

表 2.9 ハイパーリンク先の Web ブラウザーの開き方

属性値	説　明	例
_self	自身のウィンドウで開く	<a href="test.html" target="_self">test</a>
_parent	親ウィンドウで開く	<a href="test.html" target="_parent">test</a>
_top	最上階層のウィンドウで開く	<a href="test.html" target="_top">test</a>
_blank	新しいウィンドウで開く	<a href="test.html" target="_blank">test</a>

2.7 ハイパーリンクの設定

図 2.90 のサンプル（lesson272.html）を作成し，Web ブラウザーで表示して下さい。Web ページ内にリンクが設定されますので，リンクをクリックして動作を確認して下さい（図 2.91）。

```html
<html>

<head>
<title> 練習 </title>
</head>

<body>
<ul>
<li><a href="http://www.google.com/" target="_blank"> グーグル </a></li>
<li><a href="http://www.yahoo.co.jp/"> ヤフー </a></li>
</ul>
</body>

</html>
```

図 2.90　外部の Web ページへのハイパーリンク（lesson272.html）

図 2.91　外部の Web ページへのハイパーリンク（lesson272.html の表示結果）

2.7.3 連絡先の記述とメールアドレスへのハイパーリンク

公開する Web ページでは，Web ページ管理者への連絡先を記述し，メールアドレスへのハイパーリンクを設定する場合があります。

（1） 連絡先の記述

連絡先の住所などは <address> タグで指定します。address 要素内に記述した文字などは斜体で強調表示されます（**図 2.92**）。

```
<address> 連絡先 </address>
```

図 2.92 連絡先の記述

（2） メールアドレスへのハイパーリンク

メールアドレスへのハイパーリンクは <a> タグと href 属性により指定します。リンクをクリックするとメールソフトが起動し，すみやかにメールを送信することができます（**図 2.93**，**2.94**）。

```
<a href="mailto:メールアドレス"> メールアドレス </a>
```

図 2.93 メールアドレスへのハイパーリンクの設定

```
<html>
   :
<a href="mailto:sample@sample.co.jp">sample@sample.co.jp</a>
   :
</html>
```

（a） HTML の記述

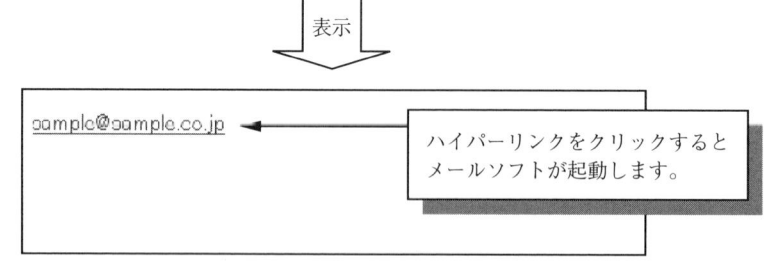

⇩ 表示

sample@sample.co.jp ← ハイパーリンクをクリックするとメールソフトが起動します。

（b） 表 示 結 果

図 2.94 メールアドレスへのハイパーリンクの設定例

2.7 ハイパーリンクの設定　　61

図 2.95 のサンプル（lesson273.html）を作成し，Web ブラウザーで表示して下さい．住所，電話番号，メールアドレスが斜体で表示されます．また，指定したメールアドレスへのリンクが設定されます（図 2.96）．

```
<html>

<head>
<title>練習</title>
</head>

<body>
<p>このページに関するお問い合わせ先</p>
<address>
住所：神奈川県横浜市中区山下町<br>
電話番号：045-123-4567<br>
e-mail：<a href="mailto:sample@sample.co.jp">sample@sample.co.jp</a>
</address>
</body>

</html>
```

図 2.95　連絡先の記述とメールアドレスへのハイパーリンク（lesson273.html）

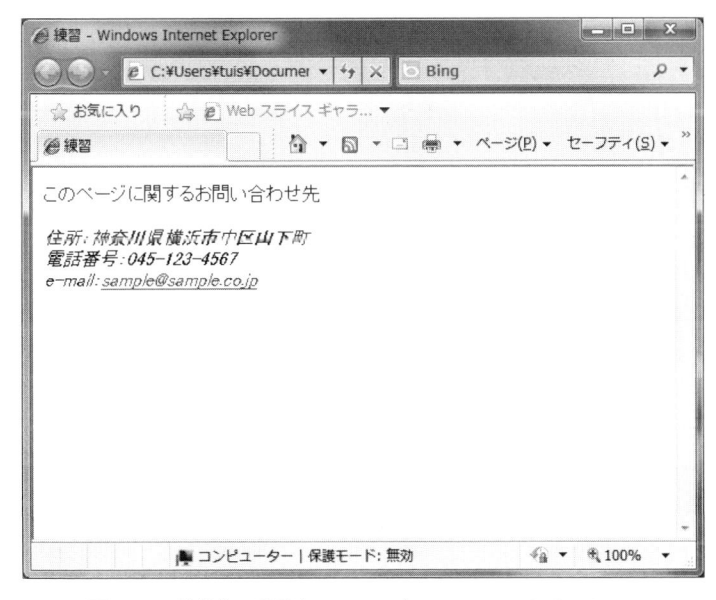

図 2.96　連絡先の記述とメールアドレスへのハイパーリンク
（lesson273.html の表示結果）

2.8 表の挿入

2.8.1 表の作成

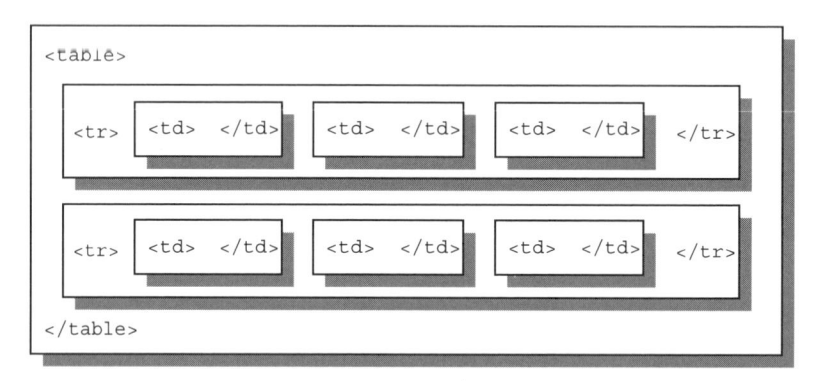

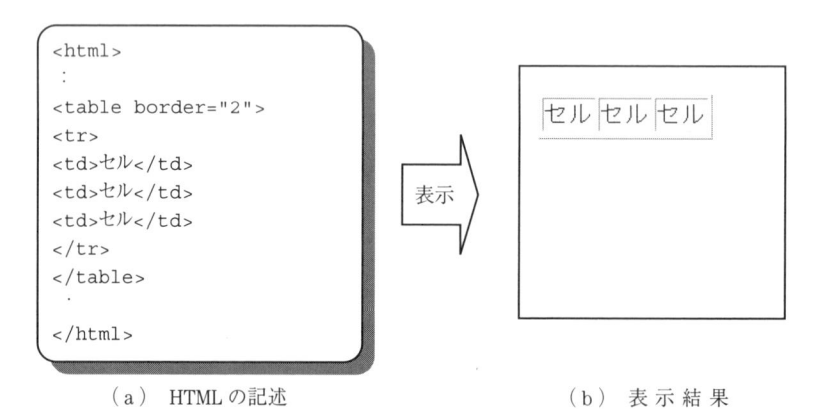

表の作成は <table> タグで行います。表の全体範囲は table 要素により指定し，1 行分は <tr> タグ，行中の各セルは <td> タグにより指定します（**図 2.97**，**2.98**，**2.99**）。表の枠線の太さや，セルと文字の間隔などに関しては，**表 2.10** に示す属性を指定します。

```
<table> 表の内容 </table>
```

図 2.97 表の記述

```
<table>
  <tr> <td> </td> <td> </td> <td> </td> </tr>
  <tr> <td> </td> <td> </td> <td> </td> </tr>
</table>
```

図 2.98 表の構造

```
<html>
 :
<table border="2">
<tr>
<td>セル</td>
<td>セル</td>
<td>セル</td>
</tr>
</table>
 :
</html>
```

表示 → |セル|セル|セル|

（a） HTML の記述 　　　　　（b） 表示結果

図 2.99 表の記述例

2.8 表の挿入

表 2.10 表の枠線とセル

属性	説明
border	表の線の太さを指定する
cellsapcing	セルとセルの間の太さを指定する
cellpadding	セルと文字の間の間隔を指定する

図 2.100 のサンプル (lesson281.html) を作成し，Web ブラウザーで表示して下さい．指定したサイズ (縦 3 ×横 4) の表が表示されます (図 2.101)．

```
<html>

<head>
<title>練習 </title>
</head>

<body>
<table border="2">
<tr><td> 氏名 </td><td> 国語 </td><td> 算数 </td><td> 英語 </td></tr>
<tr><td> 太郎 </td><td>80 点 </td><td>70 点 </td><td>75 点 </td></tr>
<tr><td> 花子 </td><td>90 点 </td><td>80 点 </td><td>70 点 </td></tr>
</table>
</body>

</html>
```

図 2.100 表の作成 (lesson281.html)

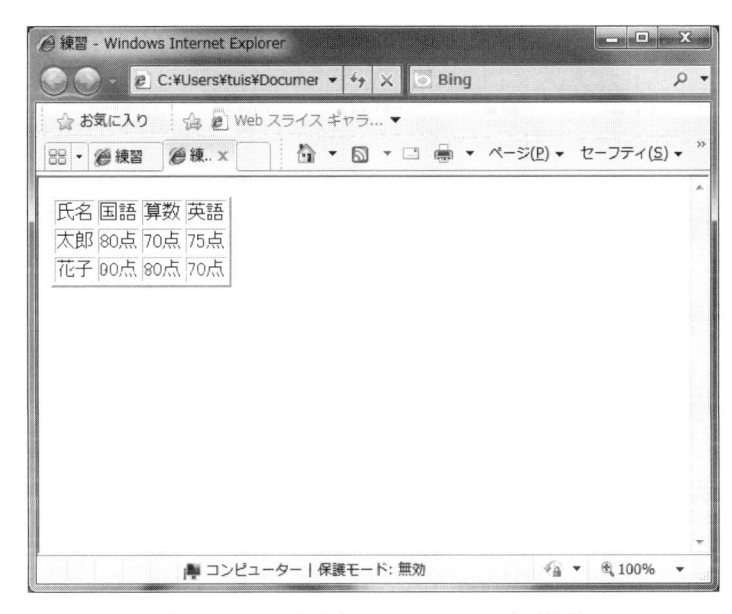

図 2.101 表の作成 (lesson281.html の表示結果)

2.8.2 表のセルに関する設定

表のセルの長さや高さは,セルに関する属性により指定します(図 2.102 〜 2.105)。

● **セルのサイズ**

セルの大きさは横幅(width)と高さ(height)に数値(画素数)を指定します。行を示すtr要素も同じように指定します(図 2.102)。

```
<td width="横幅" height="高さ"> 文字 </td>
```

図 2.102 セルのサイズの記述

● **セル内の文字の位置**

セル内での文字の位置は,縦方向はvalign属性で,横方向はalign属性で指定します(図 2.103)。横位置および縦位置には,表 2.11 に示す属性値が入ります。

```
<td valign="縦位置" align="横位置"> 文字 </td>
```

図 2.103 文字の位置の記述

表 2.11 セル内の文字位置

属性値	説　明	例
top	文字をセルの上部に揃える	`<td valign="top">`
middle	文字をセルの中央に揃える	`<td valign="middle">`
bottom	文字をセルの下部に揃える	`<td valign="bottom">`
left	文字をセルの左に揃える	`<td align="left">`
center	文字をセルの中央に揃える	`<td align="center">`
right	文字をセルの右に揃える	`<td align="right">`

● **セルの背景色**

セルの背景色は,bgcolor属性で指定します(図 2.104)。bgcolorの属性値は,色名称あるいは,RGB値により指定します(色の指定は,2.3.2 項を参照)。

```
<td bgcolor="色"> 文字 </td>
```

図 2.104 セルの背景色の記述

● **セルの背景画像**

セルの背景画像は,background属性で指定します(図 2.105)。属性値には,画像ファイルを指定します(画像ファイルの指定は,2.4.2 項を参照)。

```
<td background="画像ファイル名"> 文字 </td>
```

図 2.105　セルの背景画像の記述

図 2.106 のサンプル（lesson282.html）を作成し，Web ブラウザーで表示して下さい．指定したサイズ（縦 4 ×横 2），指定した幅のセルによる表が表示されます（図 2.107）．

```html
<html>

<head>
<title>練習 </title>
</head>

<body>
<table border="1">
<tr><td width="80" align="center">氏名 </td><td width="60" align="center">点数 </td></tr>
<tr><td width="80" align="center">太郎 </td><td width="60" align="center">85点 </td></tr>
<tr><td width="80" align="center">花子 </td><td width="60" align="center">90点 </td></tr>
<tr><td width="80" align="center">次郎 </td><td width="60" align="center">80点 </td></tr>
</table>
</body>

</html>
```

図 2.106　表のセルに関する設定（lesson282.html）

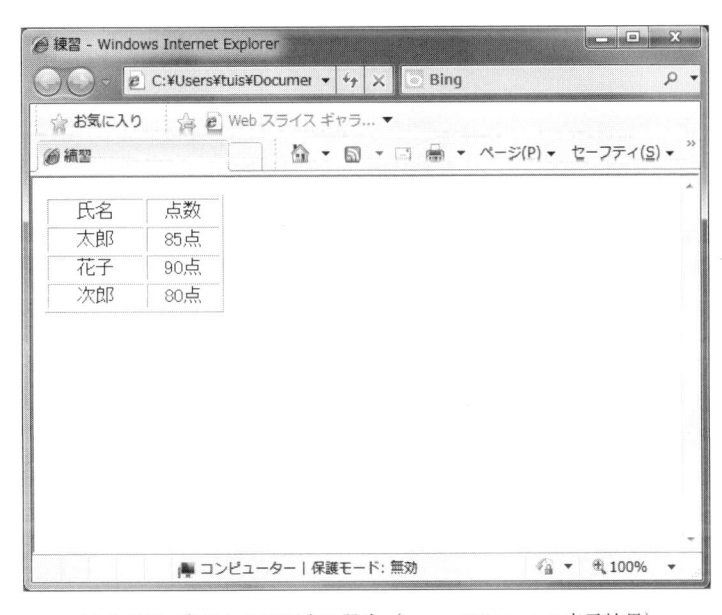

図 2.107　表のセルに関する設定（lesson 282.html の表示結果）

2.9 フレームの設定

2.9.1 フレームの構造

Webページに多くの内容を表示させたい場合，Webページにフレームを設定すると見やすいWebページが作成できます。フレームを設定することにより，Webページを左右や上下に分割することができます（**図2.108**）。

（a） フレームなしWebページ　　（b） フレームありWebページ

図2.108 フレーム

フレームは，**図2.109**に示すように，フレームセットファイルに各ファイルを読み込む構造になっています。これにより，Webページが紙芝居のような形式になり，内容が多い場合であっても画面のスクロールを少なくし，読みやすいWebページにすることが可能となります。

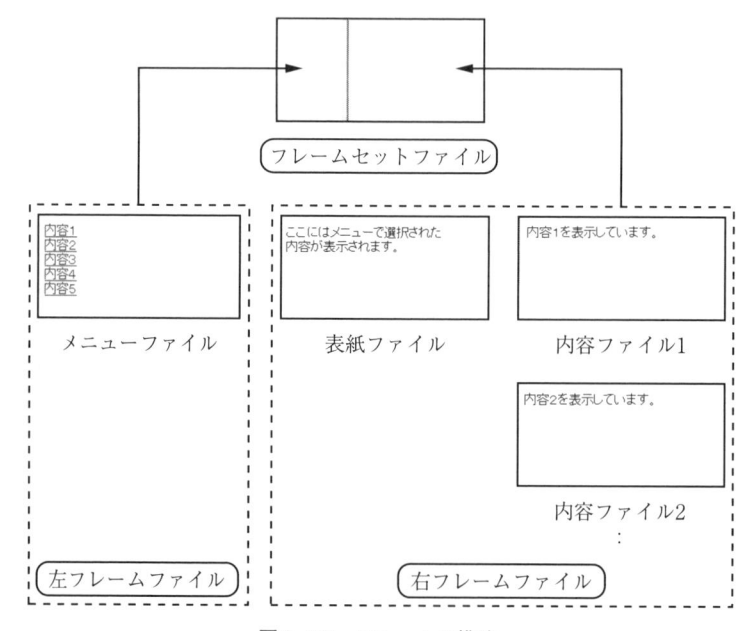

図2.109 フレームの構造

2.9.2 左右形式のフレームの設定

基本的なフレームに，左右形式のフレームがあります。左右形式のフレームを設定する場合は，**図2.110**に示すファイルが必要になります。

```
・フレームセットファイル
・左フレームファイル（メニューファイル）
・右フレームファイル（表紙ファイル，内容ファイル1，内容ファイル2，…）
```

図2.110 フレームを設定する場合に必要なファイル

● **フレームセットファイル**

フレームセットファイルは，左フレームに左フレームファイルの内容を，右フレームに右フレームファイルの内容を表示させます。

フレームの仕様は，<frameset>タグとcols属性により指定します。colsには左フレームと右フレームのサイズ（画素数）を記入します。左フレームサイズにサイズのみを記入し，右フレームサイズにアスタリスク（*）を用いて省略することもできます（**図2.111**）。

```
<frameset cols="左フレームサイズ , 右フレームサイズ">内容</frameset>
```

図2.111 フレームの設定

● **左フレームファイル**

フレームセットファイルを起動させたときに，左フレームファイルの内容が左フレームに表示されます。左フレームファイルはメニューの役割をしますので，左フレームファイルには複数の右フレームファイル（内容ファイル）へのリンクを設定します。

● **右フレームファイル**

フレームセットファイルを起動させたときに，右フレームファイルの内容が右フレームに表示されます。右フレームファイルは，表紙ファイルと複数の内容ファイルがあります。

表紙ファイルは，フレームセットファイルを起動した際に，右フレームに最初に表示される内容を記述しているファイルです。

内容ファイルは，左フレームのリンクをクリックすることにより内容ファイルが選択され，その内容が右フレームに表示されます。

図2.112のサンプル（lesson292a.html～lesson292e.html）を作成し，Webブラウザーで表示して下さい。左右形式のフレームが表示されます（**図2.113**）。

```
<html>
<head><title>練習</title></head>
<frameset cols="200, *">
<frame src="lesson292b.html" name="menu">
<frame src="lesson292c.html" name="contents">
</frameset>
</html>
```

左フレームに lesson292b.html
右フレームに lesson292c.html
の表示を設定します。

（a） フレームセットファイル（lesson292a.html）

```
<html>
<head><title> メニュー </title></head>
<body>
<p>
<a href="lesson292d.html" target="contents">内容1</a>
<br>
<a href="lesson292e.html" target="contents">内容2</a>
</p>
</body>
</html>
```

（b） メニューファイル（lesson292b.html）

```
<html>
<head><title>内容</title></head>
<body>
<p>ここにはメニューで選択された内容が表示されます。</p>
</body>
</html>
```

（c） 表紙ファイル（lesson292c.html）

```
<html>
<head><title>内容1</title></head>
<body>
<p>内容1を表示しています。</p>
</body>
</html>
```

```
<html>
<head><title>内容2</title></head>
<body>
<p>内容2を表示しています。</p>
</body>
</html>
```

（d） 内容ファイル1（lesson292d.html）　　　（e） 内容ファイル2（lesson292e.html）

図 2.112　左右形式のフレーム（lesson292a.html 〜 lesson292e.html）

さらに，左フレームに表示されているハイパーリンクをクリックして動作を確認して下さい。選択した内容が右フレームに表示されます（図2.113）。

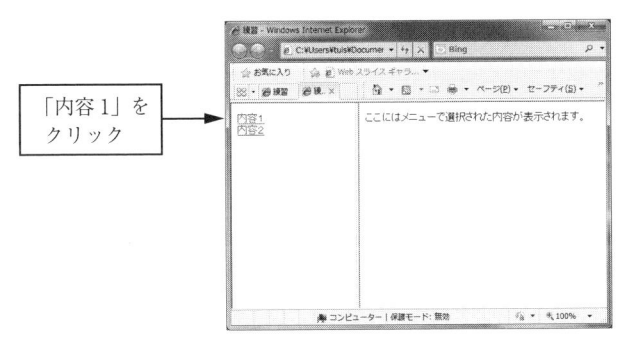

（a）リンクをクリックする前（lesson292a.html，lesson292b.html，lesson292c.html）

動作

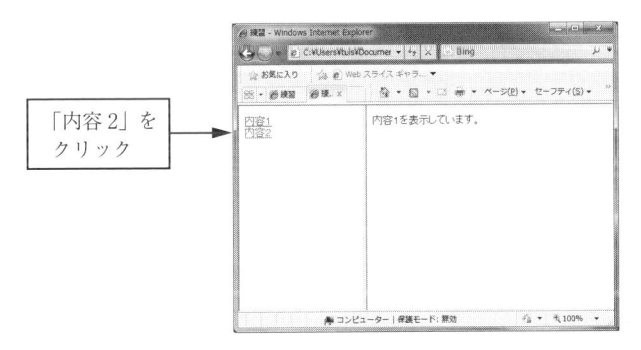

（b）「内容1」へのリンクをクリック後（lesson292a.html，lesson292b.html，lesson292d.html）

動作

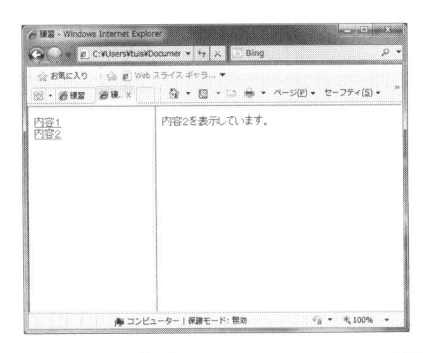

（c）「内容2」へのリンクをクリック後（lesson292a.html，lesson292b.html，lesson292e.html）

図2.113　左右形式のフレーム（lesson292a.html～lesson292e.htmlの表示結果）

3 CSS

3.1 CSSの概要

3.1.1 CSSの基本構造

CSSは，図3.1に示すようにHTML文書の中に埋め込んで記述します。CSSはHTML文書の<head>～</head>の間のブロックに埋め込みます。

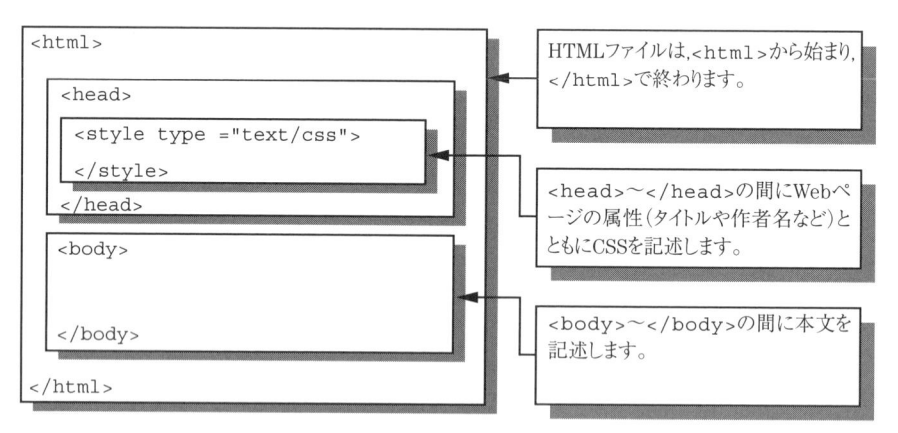

```
<html>
    <head>
        <style type ="text/css">
        </style>
    </head>
    <body>

    </body>
</html>
```

HTMLファイルは，<html>から始まり，</html>で終わります。

<head>～</head>の間にWebページの属性（タイトルや作者名など）とともにCSSを記述します。

<body>～</body>の間に本文を記述します。

図3.1　CSSの基本構造

はじめに，最も簡単なCSSを記述したWebページを作成します。まず，図3.2のサンプ

```
<html>
<head>
<title>CSSの練習</title>
<style type="text/css">
    p {color: red;}
</style>
</head>
<body>
    <h1>CSSでデザイン</h1>
    <p>はじめましてCSS</p>
</body>
</html>
```

はじめに，最初の<html>と，最後の</html>を記述しておきます。

<head>～</head>の間に，Webページのタイトル「CSSの練習」とCSSを記述します。

<body>～</body>の間に本文を記述します。

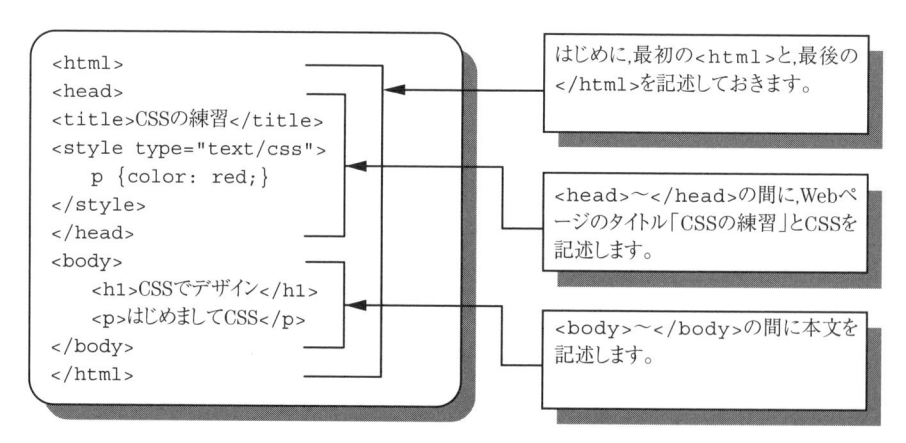

図3.2　基本的なCSSの例（lesson311.html）

ルをエディター（Windows のメモ帳など）で入力し，lesson311.html というファイル名で保存して下さい（メモ帳の使い方は 1.2.1 項を参照）。

つぎに，作成した Web ページを表示します。保存したファイル（lesson311.html）を Web ブラウザー（Windows の Internet Explorer など）で表示して下さい（Internet Explorer の使い方は，1.2.3 項を参照）。Web ブラウザーには**図 3.3** に示すように表示されます。

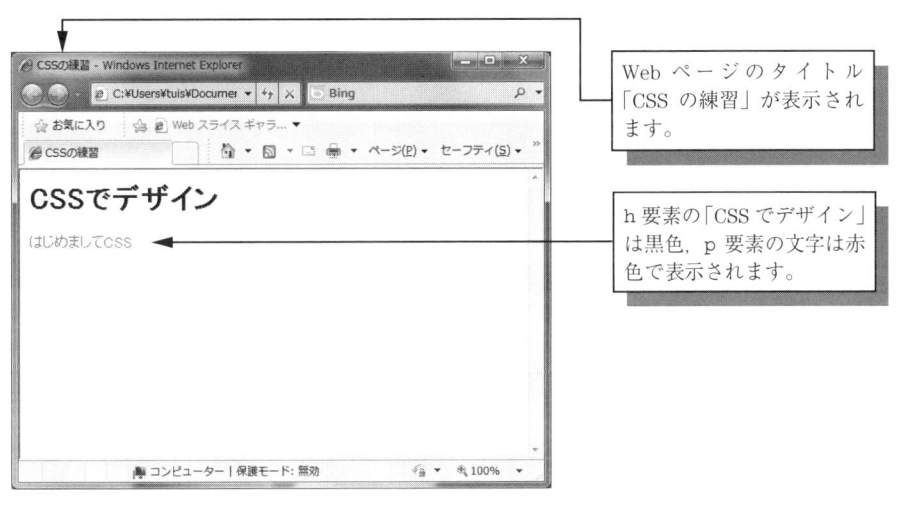

図 3.3 基本的な CSS の例（lesson311.html の表示結果）

Web ページのタイトル「CSS の練習」が表示されます。

h 要素の「CSS でデザイン」は黒色，p 要素の文字は赤色で表示されます。

CSS を記述した Web ページが正しく表示されない場合のよくある原因として，**図 3.4** に示すものがあります。これらのミスがないかを確認して下さい。

● 全角文字の混入
　すべての記号は半角文字で記述します。特に，全角の空白文字が混入していないか確認して下さい。

● 空白の入れ忘れ
　CSS の使用を指定する文 `<style type="text/css">` の style と type の間は，半角の空白を入れます。CSS を指定する文では 1 文字でも間違えると，正しく表示されません。

図 3.4 CSS を記述した Web ページが正しく表示されない場合に考えられるおもな原因

3.1.2　CSSの使用方法

CSSはHTMLのhead要素（<head>タグと</head>タグの間）に埋め込んで利用します（**図3.5**）。具体的には，head要素の中にstyle要素を入れ，そのtype属性に"text/css"の属性値を記述します。style要素（<style>タグと</style>タグの間）には，スタイルの定義を記述します（**図3.6**）。

```
<html>

<head>
<title>CSSの練習</title>
<style type="text/css">
    p{color: red;}
</style>
</head>

<body>
<h1>CSSでデザイン</h1>
<p>はじめましてCSS</p>
</body>

</html>
```

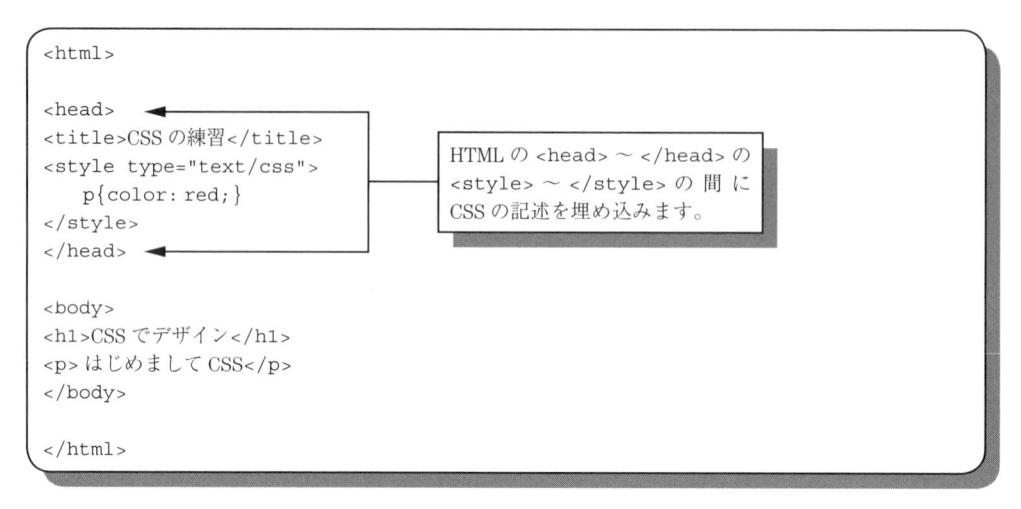

HTMLの <head> ～ </head> の <style> ～ </style> の間にCSSの記述を埋め込みます。

図3.5　CSSのHTMLへの埋め込み位置

```
<style type="text/css">
 :
CSSの記述
 :
</style>
```

図3.6　CSSを使用するための定義

CSSは，セレクター，属性名，属性値により構成されます（**図3.7**）。

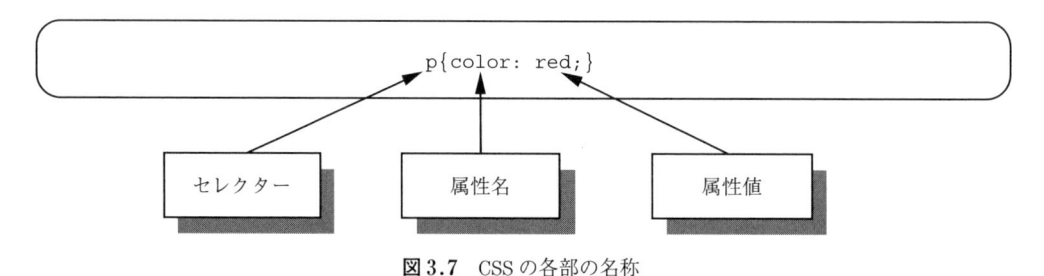

```
p{color: red;}
```

セレクター　　属性名　　属性値

図3.7　CSSの各部の名称

図 3.8 のサンプル（lesson312.html）を作成し，Web ブラウザーで表示して下さい。
「CSS でデザイン」は文字が青色で，「HTML のデザインには CSS を利用します。」は文字が赤色で表示されます（図 3.9）。

```
<html>

<head>
<title>CSSの練習</title>
<style type="text/css">
    h1{color: blue;}
    p{color: red;}
</style>
</head>

<body>
<h1>CSSでデザイン</h1>
<p>HTMLのデザインにはCSSを利用します。</p>
</body>

</html>
```

図 3.8　CSS の HTML への埋め込み（lesson312.html）

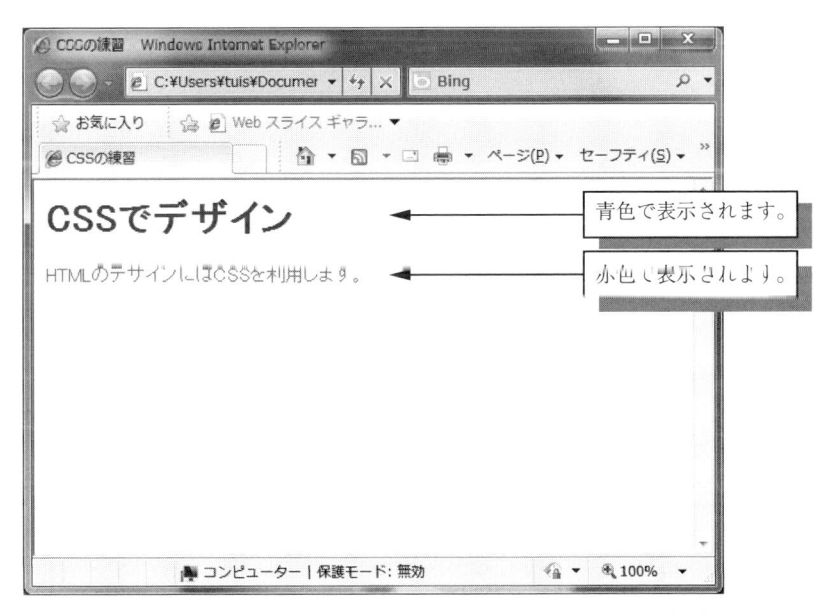

図 3.9　CSS の HTML への埋め込み(lesson312.html の表示結果)

3.1.3 CSSの記述方法

CSSでは，デザインの対象を**セレクター**と呼びます。セレクターに属性名と属性値を指定することでデザインが行えます。書式は，属性名と属性値の間はコロン（:）で区切り，属性値の後ろにはセミコロン（;）を記述します（図3.10）。

```
セレクター { 属性名 : 属性値 ; }
```

図3.10　CSSの書式

（1）　セレクター

セレクターは，HTMLのタグ名やHTML文章中で指定したclass名やid名が利用できます。

（2）　属性名（プロパティ）

属性名は，CSSの規格に基づいた属性名を指定します。例えば，文字の色はcolorと指定します。

（3）　属性値

属性値は，CSSの規格に基づいた属性値を指定します。例えば，色については，色名称あるいはRGB値を指定します。

CSSでは，一つのセレクターに対して複数の属性を指定することもできます。この場合は属性名と属性値の組をセミコロン（;）で区切って指定します。

一方，複数のセレクターに対して同一の属性を指定することもできます。この場合はセレクターをカンマ（,）で区切って指定します（図3.11）。

```
p{color: red; background-color: #c0c0c0;}
h1, h2, h3{color: #0000ee;}
```

図3.11　CSSの書式

図 3.12 のサンプル（lesson313.html）を作成し，Web ブラウザーで表示して下さい。「CSS でデザイン」は背景が緑色で文字が白色で，「HTML のデザインには CSS を利用します。」は背景が緑色で文字が黄色で表示されます（**図 3.13**）。

```html
<html>

<head>
<title>CSSの練習</title>
<style type="text/css">
    h1{color: white; background-color: green;}
    p{color: yellow; background-color: green;}
</style>
</head>

<body>
<h1>CSSでデザイン</h1>
<p>HTMLのデザインにはCSSを利用します。</p>
</body>

</html>
```

図 3.12 CSS の記述方法（lesson313.html）

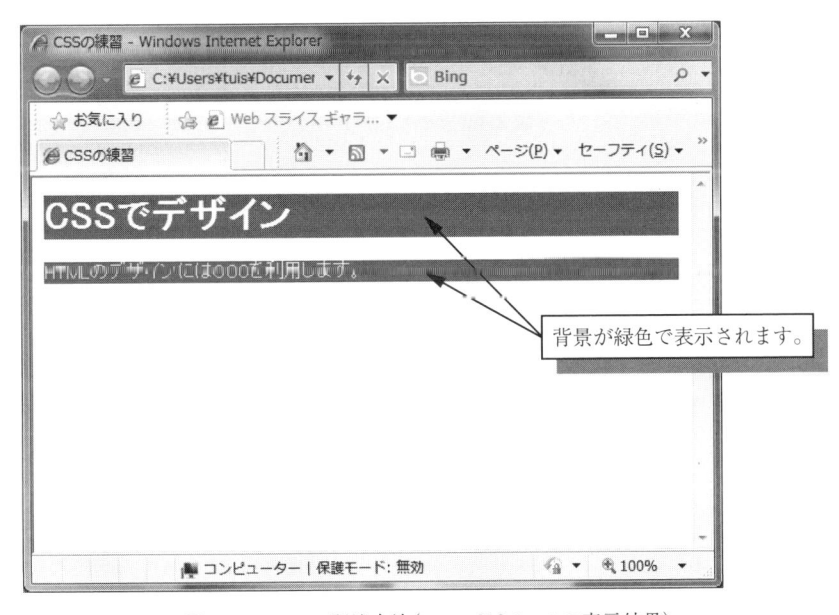

図 3.13 CSS の記述方法（lesson313.html の表示結果）

3.1.4 セレクターの種類

CSS のセレクターには，一般的には HTML のタグを記述することが多いのですが，特別に用意されたものもあります。

（1） 全称セレクター

HTML 文章のすべての要素が対象となります。この場合は，セレクターはアスタリスク（*）になります（図 3.14）。この例では，すべての文字の色を黒に指定しています。

```
*{
    color: black;
}
```

図 3.14　全称セレクター

（2） id セレクター

HTML 文章中に記述した id に対して，スタイルを適用します。一つの id は，HTML 文章中に 1 回のみ記述できます。CSS では，セレクターにシャープ（#）を付けます（図 3.15）。

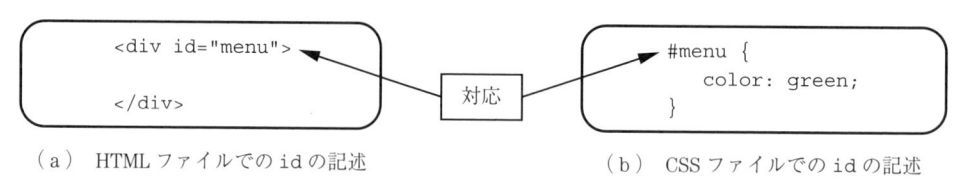

```
<div id="menu">
</div>
```
（a）HTML ファイルでの id の記述

対応

```
#menu {
    color: green;
}
```
（b）CSS ファイルでの id の記述

図 3.15　id セレクター

（3） class セレクター

HTML 文章中に記述した class に対して，スタイルを適用します。class は，id とは違い HTML 文章中で何度も利用できますので，同じデザインを何度も適用することができます。CSS では，セレクターにピリオド（.）を付けます（図 3.16）。

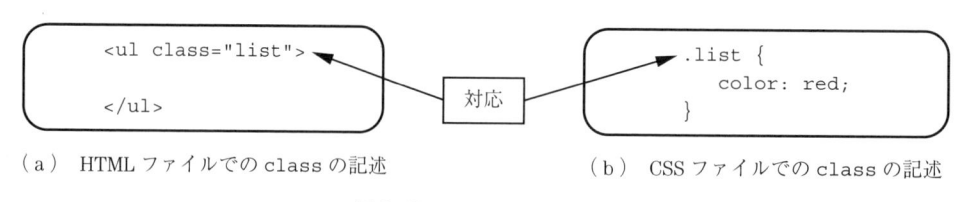

```
<ul class="list">
</ul>
```
（a）HTML ファイルでの class の記述

対応

```
.list {
    color: red;
}
```
（b）CSS ファイルでの class の記述

図 3.16　class セレクター

図 3.17 のサンプル（lesson314.html）を作成し，Web ブラウザーで表示して下さい。「CSS でデザイン」は文字が大きく，「第 1 段落」は背景が赤色で，文字が白色で表示されます（図 3.18）。

```html
<html>

<head>
<title>CSSの練習</title>
<style type="text/css">
*{color: black;}
#daimei{font-size: 36pt;}
.akairo{color: white; background-color: red;}
</style>
</head>

<body>
<h1 id="daimei">CSSでデザイン</h1>
<p class="akairo">第1段落</p>
</body>

</html>
```

図 3.17　セレクターの種類（lesson314.html）

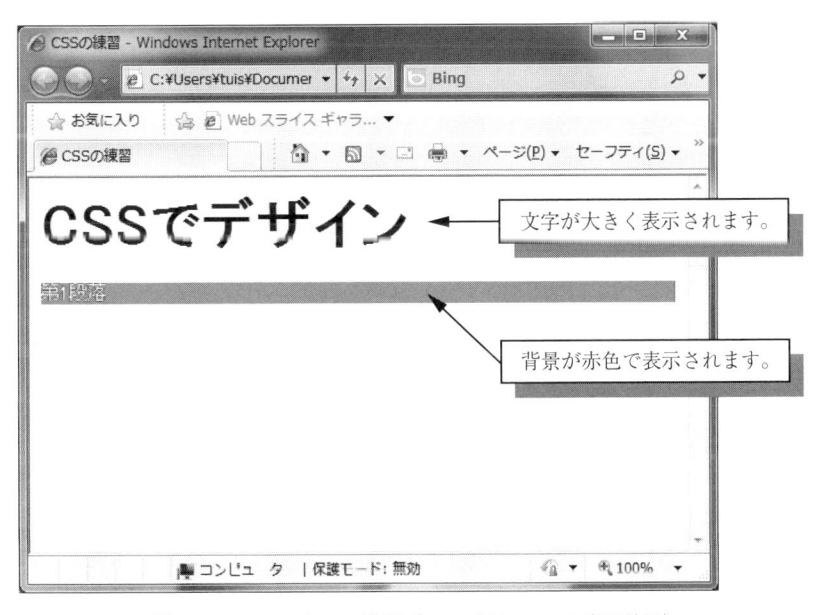

図 3.18　セレクターの種類（lesson314.html の表示結果）

3.2 CSSによるデザイン

3.2.1 色と長さの指定

（1） 色の指定

CSSで色に関する指定は，色名称あるいはRGB値により行います（**図3.19**）。色名称やRGB値に関してはHTMLと同様です（色名称およびRGB値は，2.3.2項を参照）。

```
p{
    color: #c0c0c0;
    background-color: #ffffff;
}
```

図3.19 CSSにおける色の指定

（2） 長さの指定

CSSにおいて長さや大きさを示す場合には，数値に単位を付けて指定します（**図3.20**）。指定方法には，相対単位指定（他の単位を基準とする）と，絶対単位指定（実際の長さの単位）があります（**表3.1，3.2**）。一般的には画素（ピクセル）数で指定します。

```
p{
    width: 400px;
    height: 100px;
}
```

図3.20 CSSにおける長さの指定

●相対単位指定

表3.1 相対単位の指定

単 位	説 明
em	要素のfont-sizeを1とする単位
ex	要素のx-heightを1とする単位
px	画面の画素（ピクセル）を1とする単位

●絶対単位指定

表3.2 絶対単位の指定

単 位	説 明
in	インチ（1インチは2.54cm）
cm	センチメートル
mm	ミリメートル
pt	ポイント（1ポイントは1/72インチ）
pc	パイカ（1パイカは12ポイント）

図 3.21 のサンプル（lesson321.html）を作成し，Web ブラウザーで表示して下さい。指定した色，長さ，幅の背景が表示されます（**図 3.22**）。

```html
<html>

<head>
<title>CSSの練習</title>
<style type="text/css">
h1{
        color: white;
        background-color: green;
        width: 300px;   height: 50px;
}
p{
        color: yellow;
        background-color: green;
        width: 400px; height: 25px;
}
</style>
</head>

<body>
<h1>CSSでデザイン</h1>
<p>HTMLのデザインにはCSSを利用します。</p>
</body>

</html>
```

図 3.21　色と長さの指定（lesson321.html）

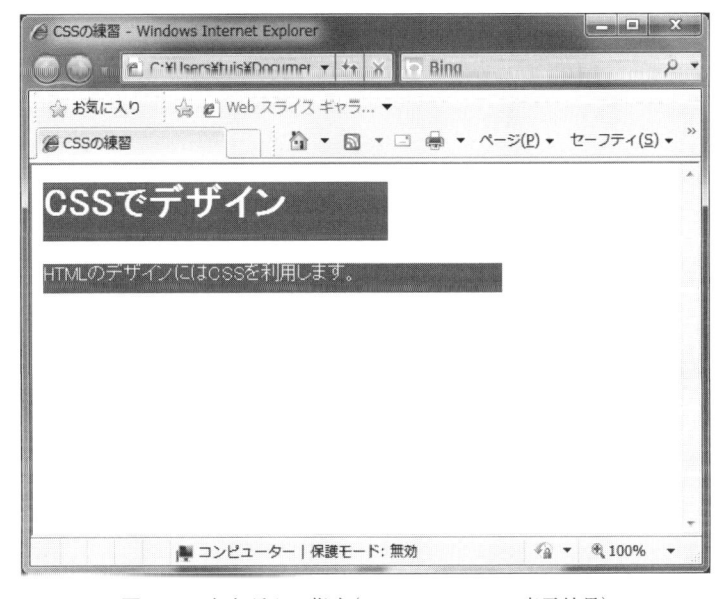

図 3.22　色と長さの指定(lesson321.html の表示結果)

3.2.2 文字のデザイン

文字のデザインの例として，広く利用されているワープロソフト（Microsoft Word）の文字設定機能と，CSS の属性の関係は**図 3.23**に示すようになります。

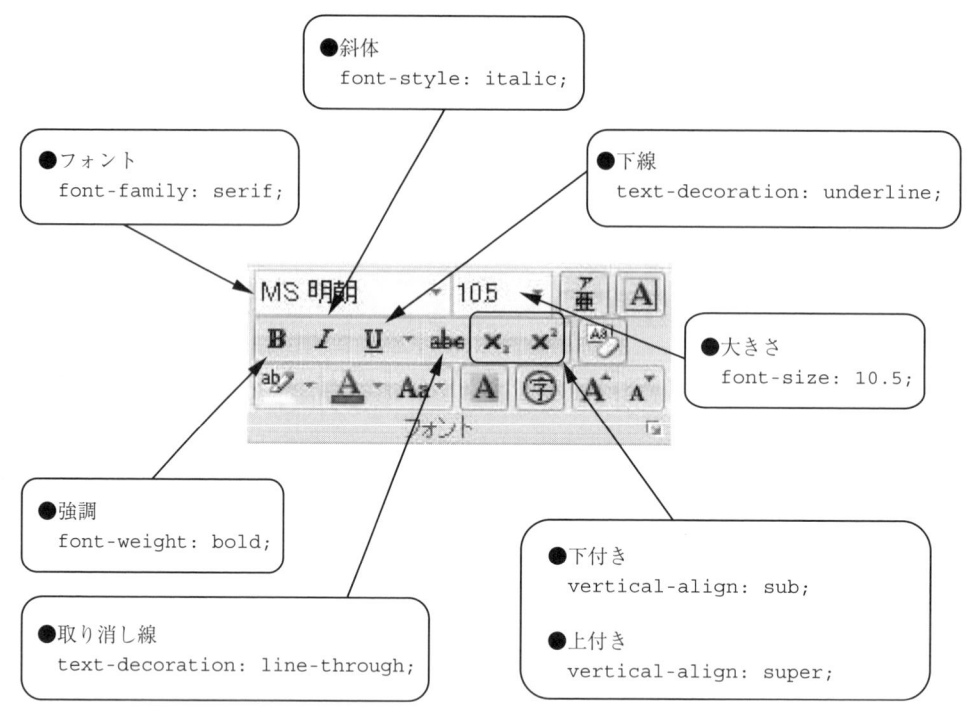

- ●斜体
  font-style: italic;
- ●フォント
  font-family: serif;
- ●下線
  text-decoration: underline;
- ●大きさ
  font-size: 10.5;
- ●強調
  font-weight: bold;
- ●取り消し線
  text-decoration: line-through;
- ●下付き
  vertical-align: sub;
- ●上付き
  vertical-align: super;

図 3.23 文字のデザインに関する CSS

そのほか，**表 3.3** に示す属性が設定できます。一つのセレクターに対して複数の属性を指定することで，文字のデザインを決めます。

表 3.3 文字に関するデザイン

属　　性	属性値	説　　明
color	色名称・RGB 値	文字の色
background-color	色名称・RGB 値	文字の背景色
font-size	長さの値	文字の大きさ
font-weight	100～900, normal, bold	文字の太さ
font-family	serif, sans-serif, monospace	文字のフォント
text-align	left, center, right, justify	文字の行内での配置
line-height	長さの値	文字の行間の長さ

図3.24のサンプル（lesson322.html）を作成し，Webブラウザーで表示して下さい。指定したデザインで文字が表示されます（図3.25）。

```html
<html>

<head>
<title>CSSの練習</title>
<style type="text/css">
h1{
        font-style: italic;
        font-family: serif;
        text-align: center;
        color: white; background-color: green;
}
p{
        font-weight: bold;
        color: yellow; background-color: green;
}
</style>
</head>

<body>
<h1>CSSでデザイン</h1>
<p>HTMLのデザインにはCSSを利用します。</p>
</body>

</html>
```

図3.24　文字のデザイン（lesson322.html）

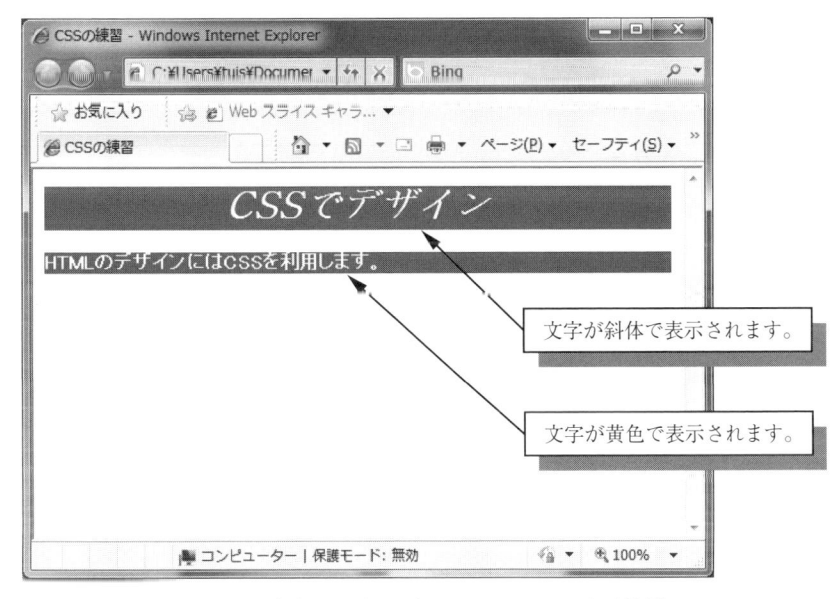

図3.25　文字のデザイン（lesson322.htmlの表示結果）

3.2.3 背景のデザイン

Webページの背景のデザインは，セレクターをbodyとし，background属性を指定することでデザインができます（**表3.4**）。background属性はWebページの背景のみではなく，文字やボックスの背景でも利用できます（ボックスについては3.2.4項を参照）。

表3.4 背景の属性と属性値

属　性	属性値	説　明
background-color	色名称，RGB値	背景の色
background-image	URL（画像ファイル名）	背景の画像
background-repeat	repeat, repeat-x, repeat-y, no-repeat	背景画像の繰り返し
background-position	left, right, center, top, bottom	背景画像の配置
background-attachment	fixed, scroll	背景画像の固定表示

背景の画像の位置や並べ方を指定するだけでも，十分にデザイン性のあるWebページが作成できます。**図3.26，3.27**によく利用されるデザイン例を示します。

● **画像をWebページの右上に貼り付ける場合**

```
body{
    background-image: url("sample.jpg");
    background-repeat: no-repeat;
    background-position: top right;
}
```

図3.26 右上に画像を固定

● **画像をWebページの右上に貼り付けて縦方向に繰り返す場合**

```
body {
    background-image: url("sample.jpg");
    background-position: right;
    background-repeat: repeat-y;
}
```

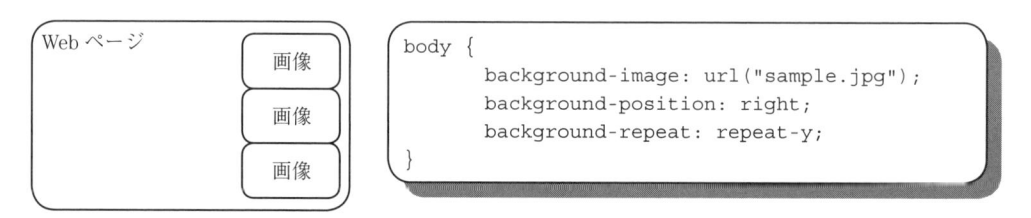

図3.27 画像を中央に繰り返し表示

図 3.28 のサンプル（lesson323.html）を作成し，画像（sample.jpg）を同じフォルダーに用意し，Web ブラウザーで表示して下さい。指定した背景が表示されます（**図 3.29**）。

```
<html>

<head>
<title>CSSの練習</title>
<style type="text/css">
body{
        background-image: url("sample.jpg");
        background-repeat: repeat-y; background-position: right;
}
h1{
        color: white; background-color: green;
        width: 300px; height: 50px;
}
</style>
</head>

<body>
<h1>CSSでデザイン</h1>
<p>HTMLのデザインにはCSSを利用します。</p>
</body>

</html>
```

図 3.28　背景のデザイン（lesson323.html）

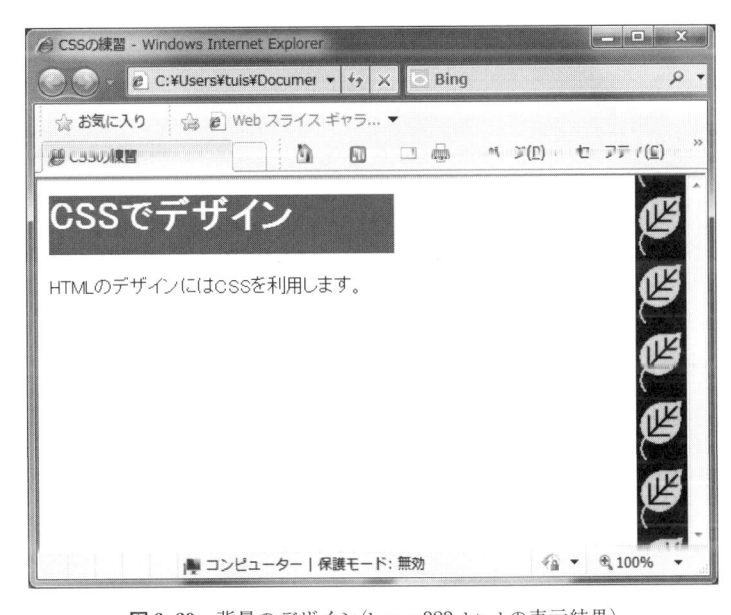

図 3.29　背景のデザイン（lesson323.html の表示結果）

3.2.4 ページのデザイン

（1） ボックスモデル

CSSでは，Webページを構成するボックスと呼ばれる四角の領域があります。文字や画像と境界線との距離はpadding属性，境界線の太さはborder属性，さらに外側（余白）の大きさはmargin属性により指定します（**図3.30**）。

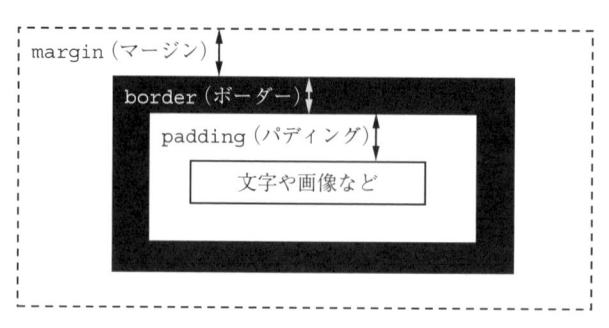

図3.30 ボックスモデル

● 要素の内容

要素の内容（文字や画像など）について，幅と高さが指定できます。幅はwidth属性，高さはheight属性により指定します。

● ボーダー

ボーダーの線の太さや種類は，**表3.5**に示す属性により指定します。

表3.5 ボーダーの種類

属　性	属性値	説　明
border-color	色名称，RGB値	線の色
border-width	長さ	線の太さ
border-style	none（なし），solid（線），double（2本線），dotted（点線）	線の種類

● パディング，マージン

paddingやmarginの距離については，それぞれtop（上），right（右），bottom（下），left（左）の順で，長さの単位を利用して指定します（**図3.31**）。

```
p{
    margin: 5px 10px 5px 10px;
    padding: 10px 20px 10px 20px;
}
```

図3.31 パディングとマージンの設定例

図3.32のサンプル（lesson324a.html）を作成し，Webブラウザーで表示して下さい。上下に分割された領域のWebページが表示されます（**図3.33**）。

```
<html>

<head>
<title>CSSの練習</title>
<style type="text/css">
body{
        background-color: #ffdead;
}
h1{
        color: white;  background-color: #d2691e;
        width: 350px;  height: 50px;  padding: 10px 5px 15px 20px;
        border: 3px solid #8b4513; margin: 10px 10px 10px 100px;
}
p{
        background-color: #f4a460;
        width:350px;  height:150px;  padding:10px 5px 15px 20px;
        border:3px solid #a0522d; margin: 10px 10px 10px 100px;
}
</style>
</head>

<body>
<h1>CSSでデザイン</h1>
<p>HTMLのデザインにはCSSを利用します。</p>
</body>

</html>
```

図 3.32　ページのデザイン（lesson324a.html）

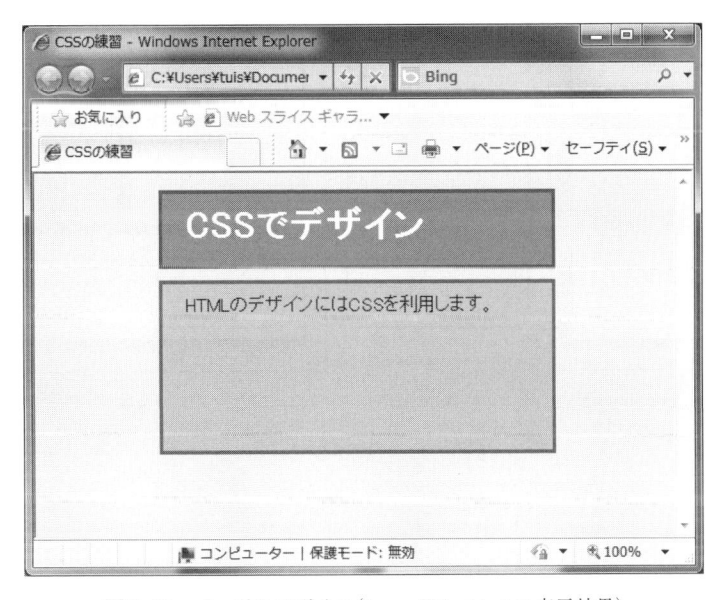

図 3.33　ページのデザイン（lesson324a.html の表示結果）

（2） ボックスの配置

ボックスモデルと配置に関する属性を用いることで，Web ページを二つあるいは三つの領域に分割（段組み）することができます（**表 3.6**）。

表 3.6 ボックスの配置の種類

属 性	属性値	説 明
position	static, relative, absolute, fixed	ボックスの配置
float	left, right, none	回り込み
clear	left, right, both, none	回り込み解除

（3） 2段組みの考え方

Web ページを2段組みにするには，ブロック化とブロックの配置により行います（**図 3.34**）。

● ブロック化

Web ページを div 要素によりブロックに分け，それぞれに id を付けます。

● ブロックの配置

回り込み（float）により，左側（left）と右側（right）にそれぞれブロックを配置します。なお，段組みの終了は，回り込みの解除（clear）を利用します。

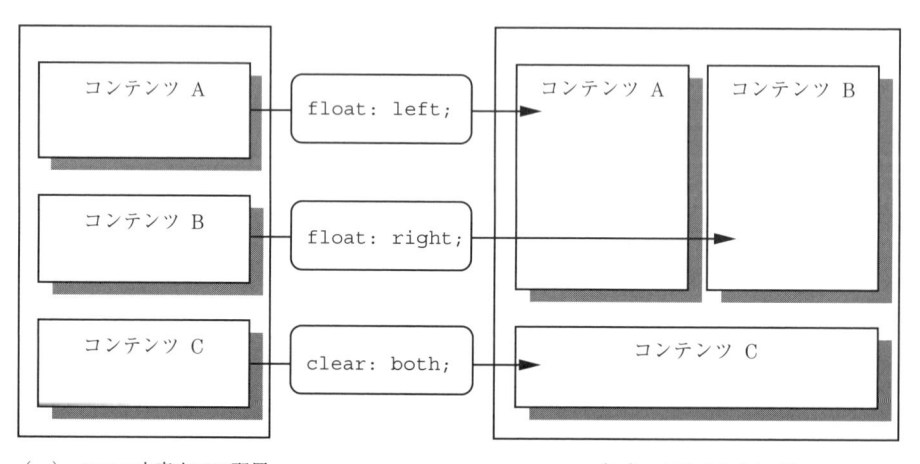

（a） HTML文章中での配置　　　　　（b） CSSでのイメージ

図 3.34　2段組みの考え方

図3.35のサンプル（lesson324b.html）を作成し，Webブラウザーで表示して下さい。三つの領域に分割されたWebページが表示されます（**図3.36**）。

```html
<html>

<head>
<title>CSSの練習</title>
<style type="text/css">
#contentsA{
        background-color: #808080; float: left;  width: 25%; height: 100px;
}
#contentsB{
        background-color: #d3d3d3; float: right;  width: 75%; height: 100px;
}
#contentsC{
        background-color: #a9a9a9; clear: both; width: 100%; height: 100px;
}
</style>
</head>

<body>
<div id="contentsA">コンテンツA</div>
<div id="contentsB">コンテンツB</div>
<div id="contentsC">コンテンツC</div>
</body>

</html>
```

図 3.35　ボックスの配置（lesson324b.html）

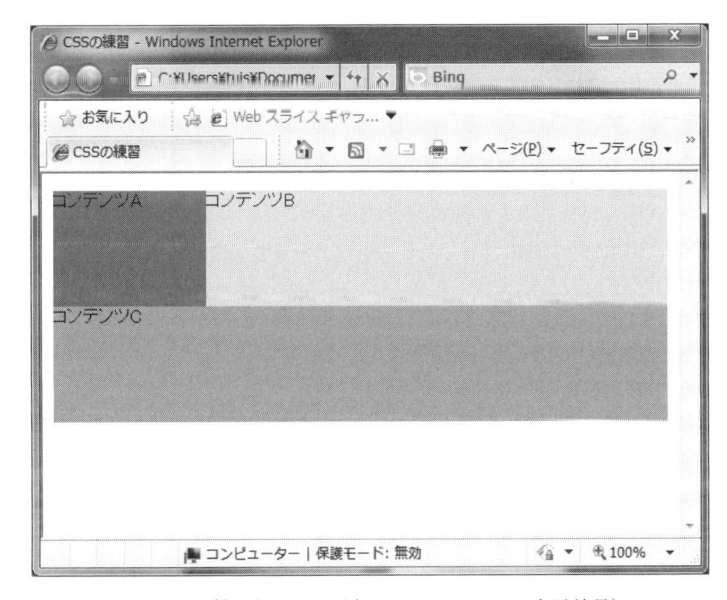

図 3.36　ボックスの配置（lesson324b.htmlの表示結果）

3.2.5 HTMLファイルにCSSファイルをリンクする方法

CSSのみを記述したファイルを作成し，HTMLファイルから読み込ませることもできます。この方法は，複数のページにわたって同じスタイルを適用する場合に有効です。HTML文章のヘッダ部に<link>タグを用いて，読み込ませるCSSファイルを指定します（**図3.37**，**3.38**）。

```
<link href="CSSファイル名" rel="stylesheet" type="text/css">
```

図3.37 CSSファイルのHTMLファイルでのリンク

```
<html>

<head>
<link href="mycss.css" rel="stylesheet" type="text/css">
</head>

<body>
<h1>CSSの練習</h1>
<p>HTMLのデザインにはCSSを利用します</p>
</body>

</html>
```

（a） HTMLファイル

```
h1{
        color: green;
        background-color: yellow;
}
p{color: red;}
```

（b） CSSファイル（mycss.css）

図3.38 HTMLファイルとCSSファイルの関係

3.2 CSSによるデザイン　89

図 3.39 のサンプル（lesson325.html, lesson325.css）を作成し，Web ブラウザーで表示して下さい。「CSS の練習」は背景が黄色で，文字が緑色，「HTML のデザインには CSS を利用します」は文字が赤で表示されます（**図 3.40**）。

```html
<html>

<head>
<link href="lesson325.css" rel="stylesheet" type="text/css">
</head>

<body>
<h1>CSS の練習</h1>
<p>HTML のデザインには CSS を利用します </p>
</body>

</html>
```

(a) HTML ファイル（lesson325.html）

```css
h1{color: green; background-color: yellow;}
p{color: red;}
```

(b) CSS ファイル（lesson325.css）

図 3.39 HTML ファイルに CSS ファイルをリンクする方法（lesson325.html, lesson325.css）

背景が黄色で表示されます。
文字が緑色で表示されます。
文字が赤色で表示されます。

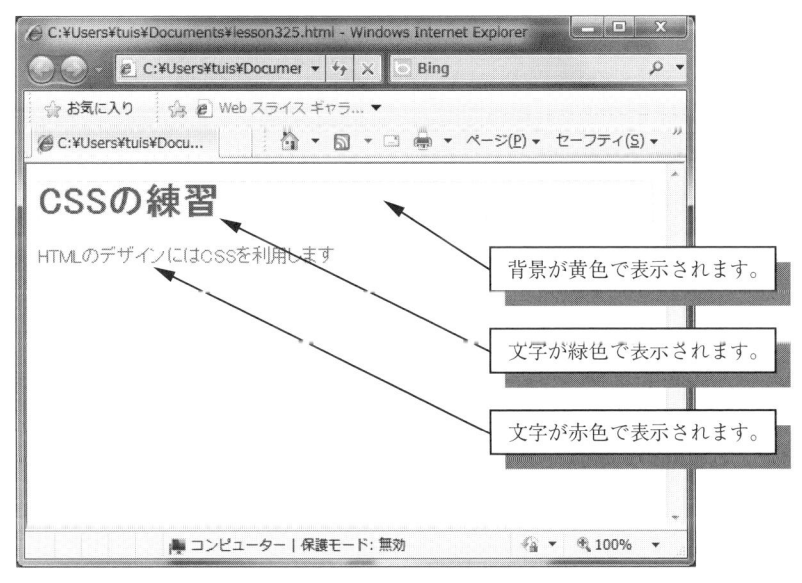

図 3.40 HTML ファイルに CSS ファイルをリンクする方法
（lesson325.html, lesson325.css の表示結果）

4 JavaScript

4.1 JavaScriptの概要

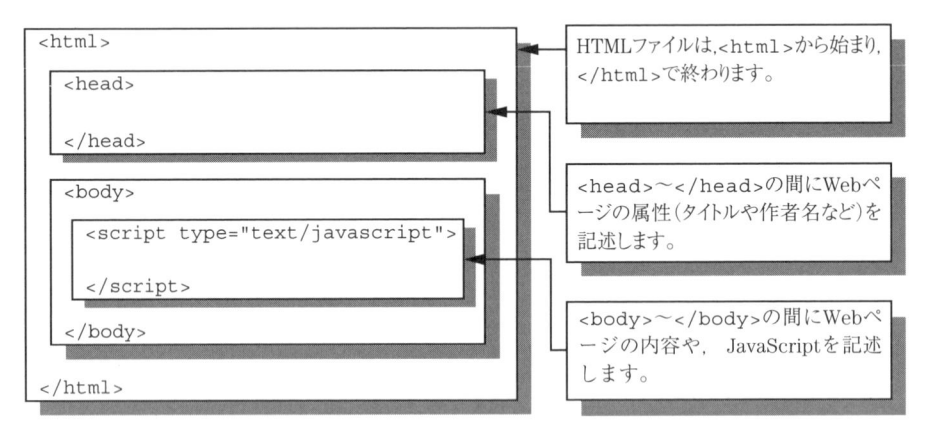

4.1.1 JavaScriptの基本構造

JavaScriptは，図4.1に示すようにHTML文書の中に埋め込んで記述します。JavaScriptはHTML文書の<body>～</body>の間のブロックに埋め込みます。

```
<html>
    <head>
    </head>
    <body>
        <script type="text/javascript">
        </script>
    </body>
</html>
```

- HTMLファイルは，<html>から始まり，</html>で終わります。
- <head>～</head>の間にWebページの属性（タイトルや作者名など）を記述します。
- <body>～</body>の間にWebページの内容や，JavaScriptを記述します。

図4.1　JavaScriptの基本構造

はじめに，最も簡単なJavaScriptを記述したWebページを作成します。まず，図4.2のサンプルをエディター（Windowsのメモ帳など）で入力し，lesson411.htmlというファイル名で保存して下さい（メモ帳の使い方は1.2.1項を参照）。

つぎに，作成したWebページを表示します。保存したファイル（lesson411.html）をWebブラウザー（WindowsのInternet Explorerなど）で表示して下さい（Internet Explorerの使い方は1.2.3項を参照）。Webブラウザーには，図4.3に示すように表示されます。

JavaScriptを記述したWebページが正しく表示されない場合のよくある原因として，図4.4に示すものがあります。これらのミスがないかを確認してみて下さい。

4.1 JavaScript の概要

```
<html>

<head>
<title>JavaScriptの練習</title>
</head>

<body>
<script type="text/javascript">
        document.write("Hello!!");
</script>
</body>

</html>
```

- はじめに，最初の<html>と，最後の</html>を記述しておきます。
- <head>~</head>の間に，Webページタイトル「JavaScriptの練習」を記述します。
- <body>~</body>の間にJavaScriptを記述します。

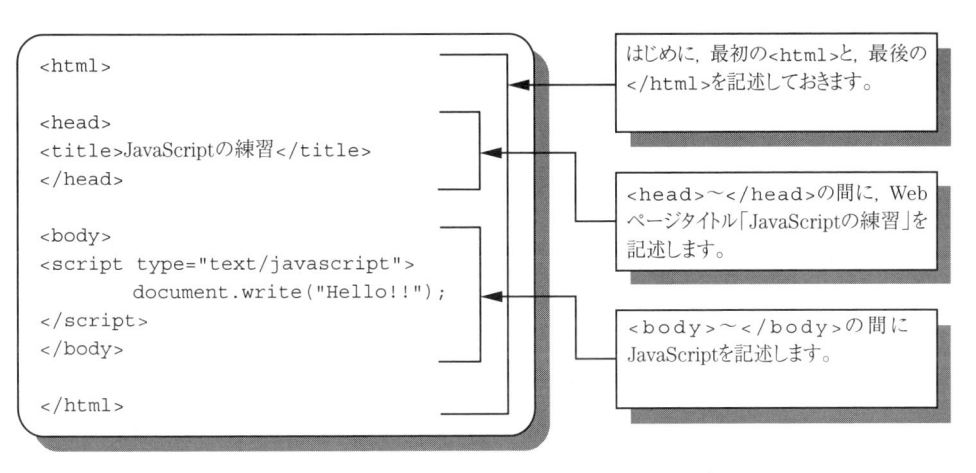

図 4.2　基本的な JavaScript の例（lesson411.html）

- Web ページタイトル「JavaScript の練習」が表示されます。
- JavaScript の内容「Hello!!」が表示されます。

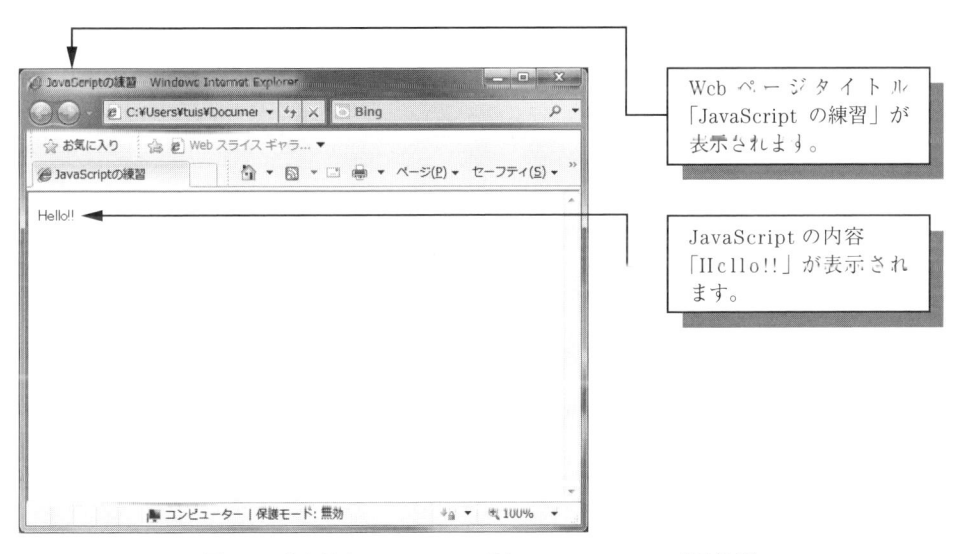

図 4.3　基本的な JavaScript の例（lesson411.html の表示結果）

● JavaScript の HTML への埋め込み位置
　　JavaScript は，HTML の body 要素（<body>　~　</body>の間）に埋め込みます。適切な位置に埋め込まれているかを確認して下さい。

● 文末のセミコロンの記述
　　JavaScript を記述している各文末に，セミコロン（;）が記述されているかを確認して下さい。ただし，開始<script>タグと終了</script>タグの文末には，セミコロンは不要です。

図 4.4　JavaScript を記述した Web ページが正しく表示されない場合に考えられるおもな原因

4.1.2 JavaScript の使用方法

JavaScript は HTML の body 要素（<body> ～ </body> の間）に埋め込んで使用します（**図 4.5**）。また，JavaScript は開始 <script> タグと終了 </script> タグ以外の各行末にセミコロン（;）を付けます。JavaScript では，<script> タグにおいて，JavaScript を使用するための定義を行います（**図 4.6**）。

```
<html>

<head>
<title>JavaScriptの練習</title>
</head>

<body>
<script type="text/javascript">
        document.write("Hello!!");
</script>
</body>

</html>
```

JavaScript は，HTML の <body>～</body> の間に埋め込みます。

図 4.5 JavaScript の HTML への埋め込み位置

```
<script type="text/javascript">
  :
        JavaScriptの内容
  :
</script>
```

図 4.6 JavaScript を使用するための定義

JavaScript を使用するための定義は，HTML の開始タグ，終了タグ，属性，属性値などにより行われます（**図 4.7**）。

```
<script type = "text/javascript">JavaScriptの内容</script>
```

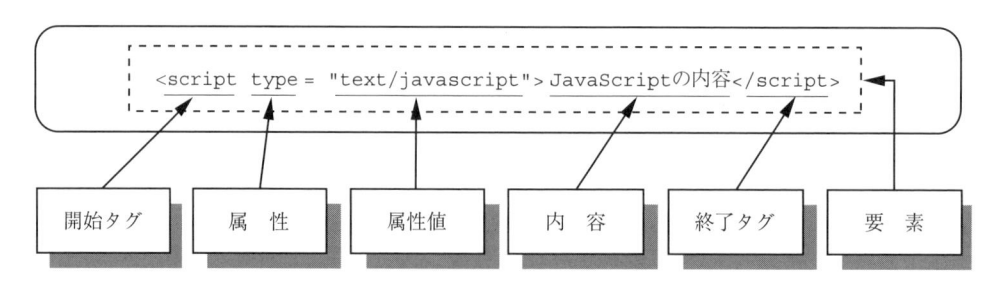

開始タグ　属　性　属性値　内　容　終了タグ　要　素

図 4.7 HTML における JavaScript の使用の定義と HTML の各部の名称

図 4.8 のサンプル（lesson412.html）を作成し，Web ブラウザーで表示して下さい．「Hello !!」が三つ続けて表示されます（図 4.9）。

```
<html>

<head>
<title>JavaScriptの練習</title>
</head>

<body>
<script type="text/javascript">
         document.write("Hello!!");
         document.write("Hello!!");
         document.write("Hello!!");
</script>
</body>

</html>
```

図 4.8　JavaScript の HTML への埋め込み（lesson412.html）

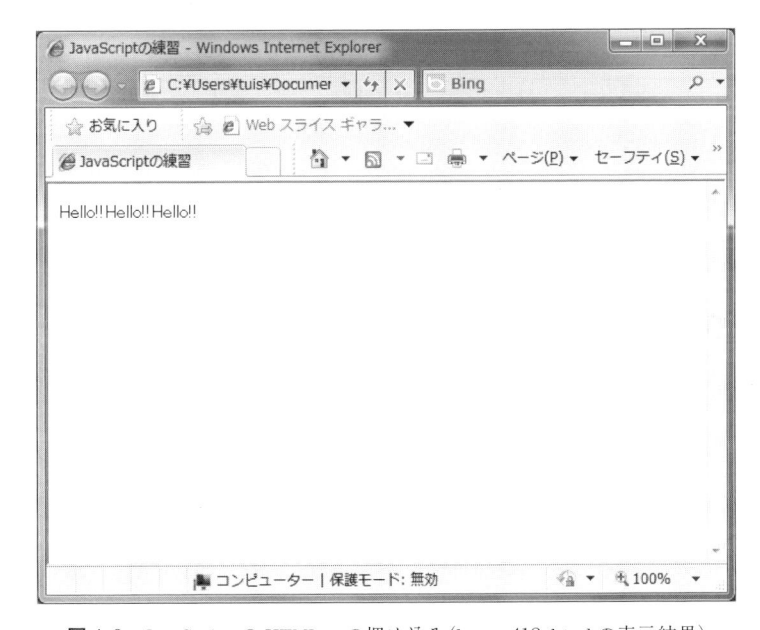

図 4.9　JavaScript の HTML への埋め込み（lesson412.html の表示結果）

4.1.3 文字の表示とオブジェクト・メソッド

JavaScript では，操作対象をオブジェクトと呼びます。**オブジェクト**には，ドキュメント（document），ウィンドウ（window），フレーム（frame），フォーム（form），画像（image）などさまざまなものがあります。

文字の表示など，オブジェクトに関する処理を行う場合には，**オブジェクト**と**メソッド**を用いて行います（**図 4.10**）。メソッドの後には，引数（ひきすう）を付けます。

```
オブジェクト．メソッド（引数）；
```

図 4.10　オブジェクト・メソッド

文字の表示には document.write() あるいは document.writeln() を使用します。document.writeln() は，文字を表示した後に改行を行います。なお，Web ブラウザーによっては，改行の代わりに，半角スペースが挿入されます（**図 4.11**，**図 4.12**）。

```
● 文字を表示            : document.write("文字");
● 文字を表示して改行    : document.writeln("文字");
```

図 4.11　文字の表示

```
<html>
  :
document.write("abc");
  :
</html>
```

（a）JavaScript（HTML ファイル）の記述　　　　（b）表示結果

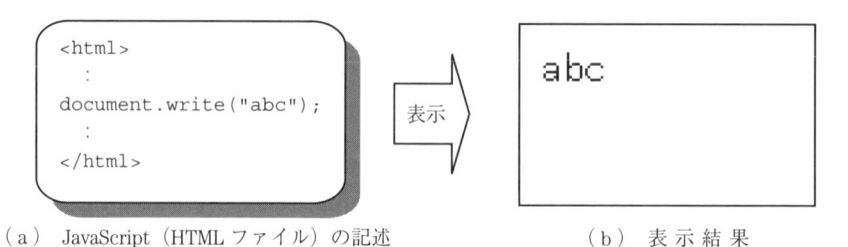

図 4.12　文字の表示の例

図4.13のサンプル（lesson413.html）を作成し，Webブラウザーで表示して下さい。アルファベットと数字が続けて表示されます（図4.14）。

```html
<html>

<head>
<title>JavaScriptの練習</title>
</head>

<body>
<script type="text/javascript">
        document.write("abcdefghijklmno");
        document.write("1234567890");
</script>
</body>

</html>
```

図4.13 文字の表示とオブジェクト・メソッド（lesson413.html）

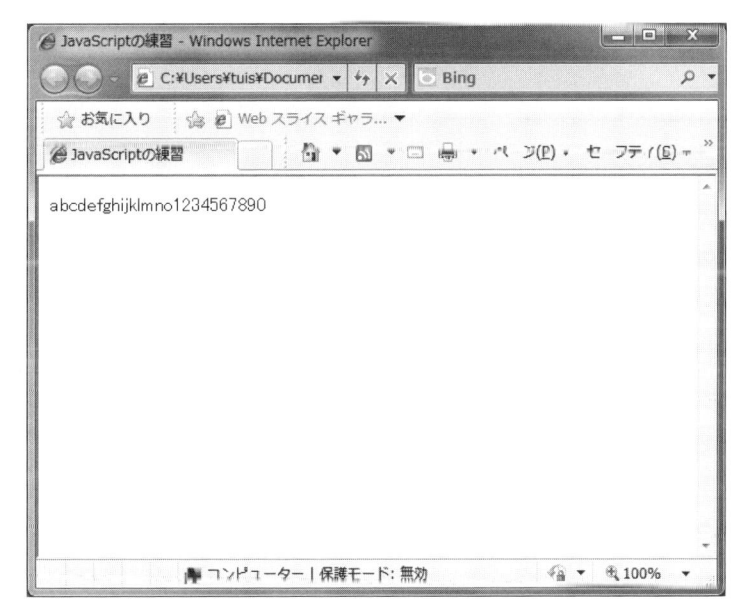

図4.14 文字の表示とオブジェクト・メソッド（lesson413.htmlの表示結果）

4.1.4 文字の装飾とオブジェクト・プロパティ

文字の色や書体など，オブジェクトに関する属性を指定する場合には，**オブジェクトとプロパティ**を用いて指定します（**図 4.15**）．

> オブジェクト . プロパティ = 値；

図 4.15 オブジェクト・プロパティ

文字の属性の指定には document.fgColor() や document.bgColor() などを使用します．document.fgColor() は文字の色を指定し，document.bgColor は文字の背景色を指定します（**図 4.16**，**4.17**）．

> ● 文字の色の指定　　　： document.fgColor="色";
> ● 文字の背景色の指定： document.bgColor="色";

図 4.16 文字の装飾

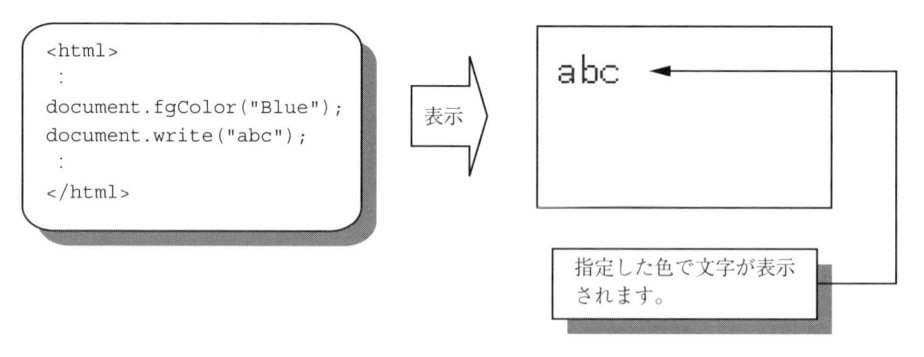

```
<html>
  :
document.fgColor("Blue");
document.write("abc");
  :
</html>
```

表示 ⇒ abc ← 指定した色で文字が表示されます．

（a） JavaScript（HTML ファイル）の記述　　　（b） 表 示 結 果

図 4.17 文字の装飾の例

図 4.18 のサンプル（lesson414.html）を作成し，Web ブラウザーで表示して下さい。「Hello!!」が赤色で表示されます（**図 4.19**）。

```html
<html>

<head>
<title>JavaScriptの練習</title>
</head>

<body>
<script type="text/javascript">
        document.fgColor = "Red";
        document.write("Hello!!");
</script>
</body>

</html>
```

図 4.18　文字の装飾とオブジェクト・プロパティ（lesson414.html）

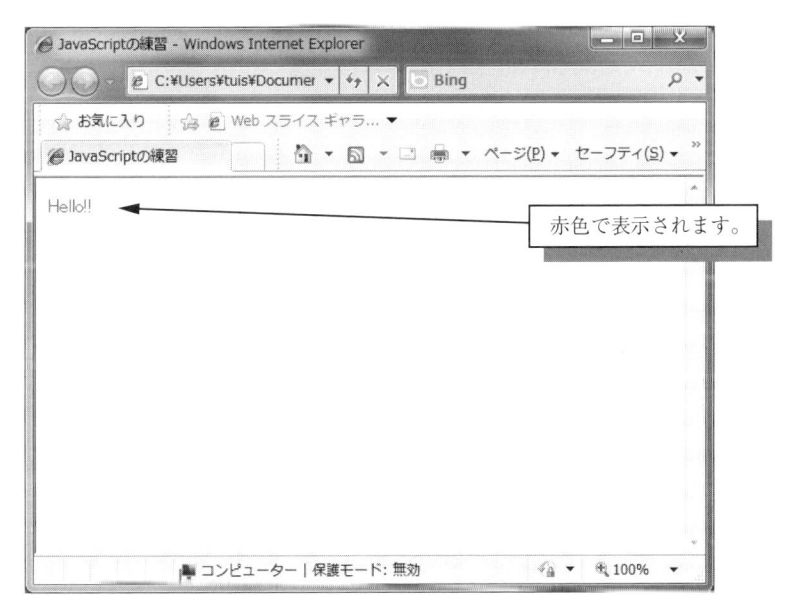

図 4.19　文字の装飾とオブジェクト・プロパティ（lesson414.html の表示結果）

4.2 JavaScriptの基本的な使用

4.2.1 コメント文

　JavaScriptへの注釈やメモの挿入はコメント文により行います。コメント文は，行の最初にスラッシュ（/）を二つ続けて入れることにより定義されます（**図 4.20**）。コメント文は，スラッシュとアスタリスク(*)により2行以上にわたって記述することも可能です（**図 4.21**）。コメント文はWebブラウザーに表示されません（**図 4.22**）。

```
// コメント
```

図 4.20　1行のコメント文の記述

```
/*
コメント1行目
コメント2行目
    :
    :
    :
    :
*/
```

図 4.21　2行以上にわたるコメント文の記述

```
<html>
 :
document.write("ＡＢＣ");
//document.write("ＤＥＦ");
/*
document.write("ＧＨＩ");
document.write("ＪＫＬ");
*/
 :
</html>
```

（a）　JavaScript（HTMLファイル）の記述　　　　（b）　表 示 結 果

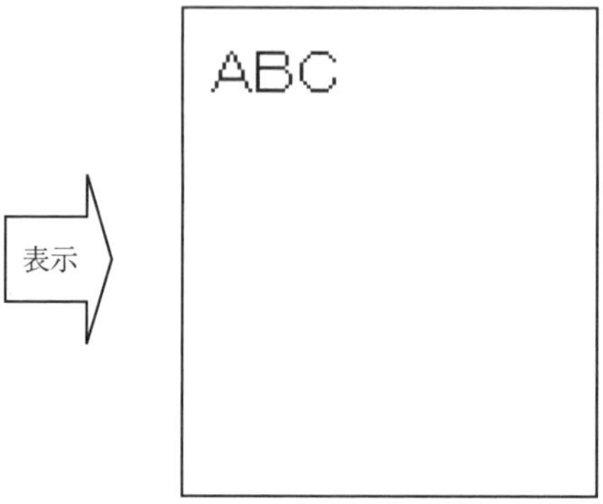

図 4.22　コメント文の例

4.2 JavaScript の基本的な使用

図 4.23 のサンプル（lesson421.html）を作成し，Web ブラウザーで表示して下さい。
「こんにちは」は表示されますが，コメント文として記述した「さようなら」は表示されません
（図 4.24）。

```html
<html>

<head>
<title>JavaScriptの練習</title>
</head>

<body>
<script type="text/javascript">
          document.write("こんにちは");
//        document.write("さようなら");
</script>
</body>

</html>
```

図 4.23　コメント文（lesson421.html）

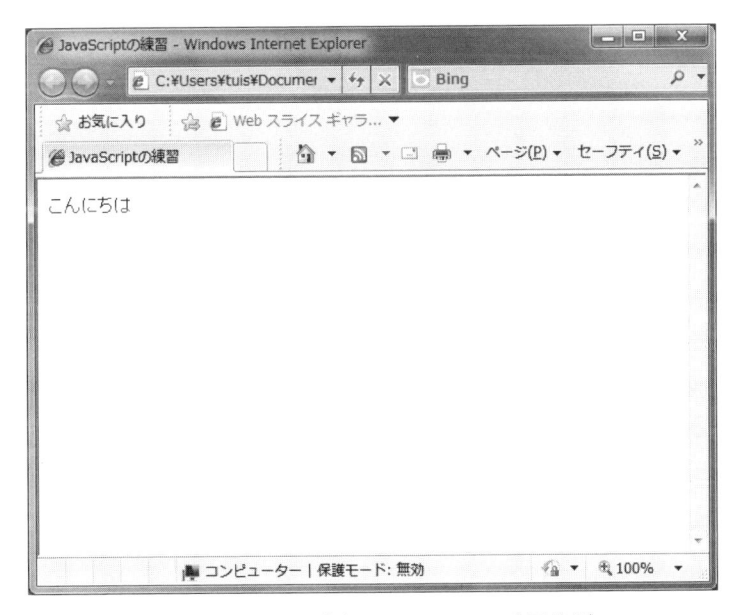

図 4.24　コメント文（lesson421.html の表示結果）

4.2.2 JavaScript 内での HTML コードの実行

JavaScript 内で HTML コードを実行する場合は，document.write() の中に HTML タグを記述します（図 4.25，4.26）。特に，文章の改行に使用する
 タグはよく使用されます。

```
document.write("HTMLコード");
```

図 4.25 JavaScript 内での HTML コードの実行

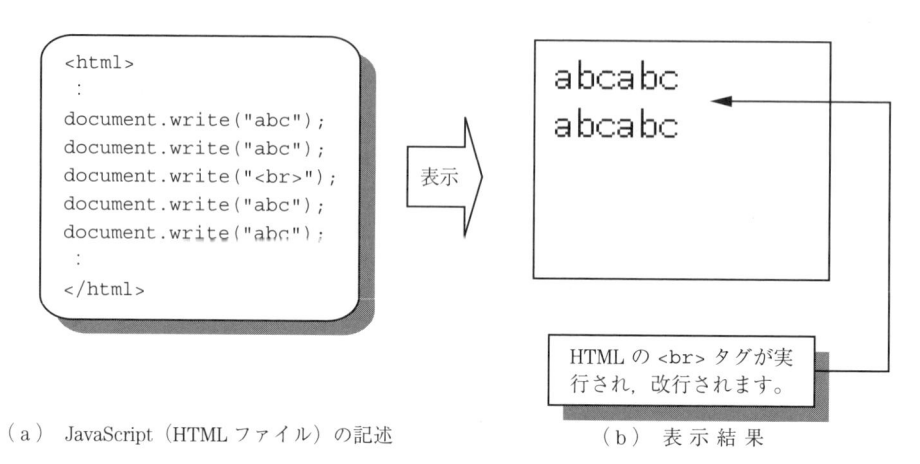

```
<html>
 :
document.write("abc");
document.write("abc");
document.write("<br>");
document.write("abc");
document.write("abc");
 :
</html>
```

表示 → abcabc
　　　　abcabc

HTML の
 タグが実行され，改行されます。

（a） JavaScript（HTML ファイル）の記述　　　（b） 表 示 結 果

図 4.26 JavaScript 内での HTML コードの実行の例

図 4.27 のサンプル（lesson422.html）を作成し，Web ブラウザーで表示して下さい。数字とアルファベットの間が改行されて表示されます（図 4.28）。

```
<html>

<head>
<title>JavaScriptの練習</title>
</head>

<body>
<script type="text/javascript">
    document.write("１２３４５");
    document.write("６７８９０");
    document.write("<br>");
    document.write("ＡＢＣＤＥ");
    document.write("ＦＧＨＩＪ");
</script>
</body>

</html>
```

図 4.27 JavaScript 内での HTML コードの実行（lesson422.html）

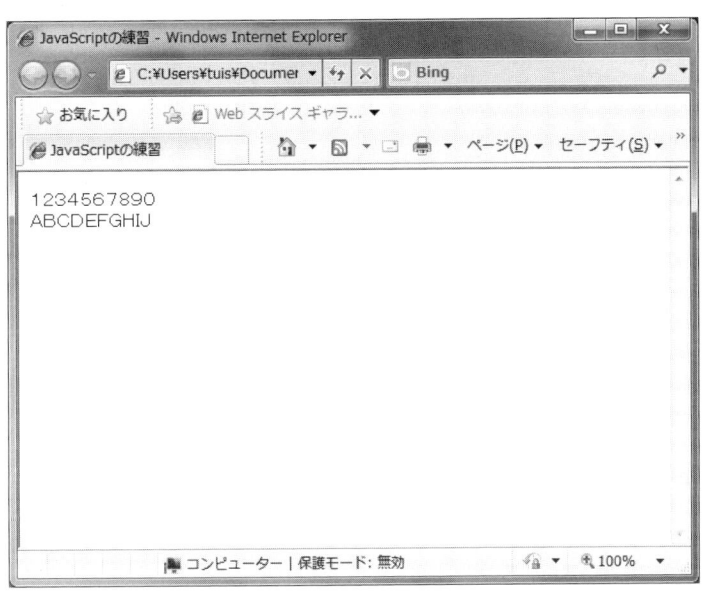

図 4.28　JavaScript 内での HTML コードの実行
（lesson422.html の表示結果）

4.2.3 計 算 と 変 数

計算を行うには，数値を入れる入れ物を用意し，その中に数値を入れます。数値を入れる入れ物を**変数**といいます。変数には，数値のほかに文字を入れることもできます。

（1） 変数の宣言

変数を使用するときは変数の宣言を行います（**図4.29**，**4.30**）。変数名は半角英数字で付けます。なお，変数を宣言した段階では，変数の中身はまだ空の状態です。

```
var 変数名;
```

図4.29 変数の宣言

（a） JavaScript（HTMLファイル）の記述　　　（b） イメージ

図4.30 変数の宣言のイメージ

（2） 変数への値の格納

変数を宣言した後，変数へ値（数値や文字）を格納（代入）します（**図4.31**，**4.32**）。

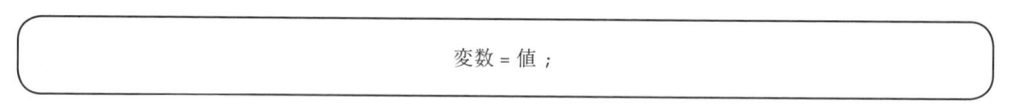

```
変数 = 値;
```

図4.31 変数への値の格納

（a） JavaScript（HTMLファイル）の記述　　　（b） イメージ

図4.32 変数への値の格納のイメージ

（3） 計　　算

計算は，変数の中身を別の変数に入れることにより行います（**図4.33**）。足し算，引き算，掛け算，割り算は，それぞれ算術演算子「＋」「－」「＊」「／」を使用します。

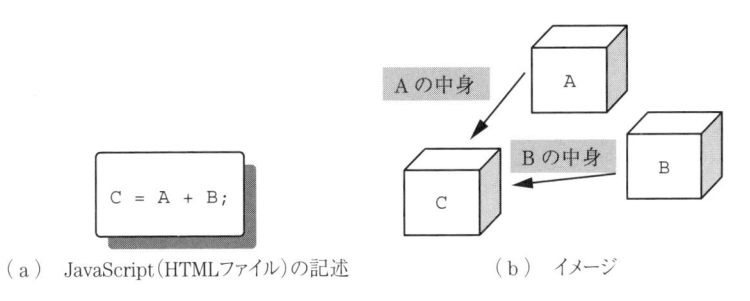

4.2 JavaScript の基本的な使用　　*103*

(a) JavaScript(HTMLファイル)の記述　　(b) イメージ

図 4.33　計算のイメージ

図 **4.34** のサンプル（lesson423.html）を作成し，Web ブラウザーで表示して下さい．計算結果が表示されます（図 **4.35**）．

```
<html>

<head>
<title>JavaScript の練習</title>
</head>

<body>
<script type="text/javascript">
        var input1, input2, output1;
        input1 = 10;
        input2 = 20;
        output1 = input1 + input2;
        document.write(input1, "+", input2, "=", output1);
</script>
</body>

</html>
```

input1 の中身と input2 の中身を足し算して，output1 へ格納（代入）します．

図 **4.34**　計算と変数（lesson423.html）

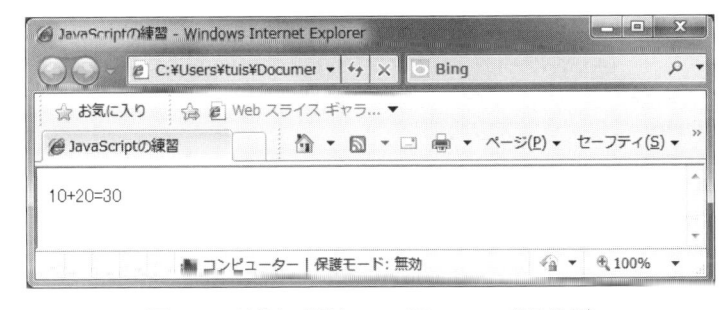

図 **4.35**　計算と変数（lesson423.html の表示結果）

4.2.4 フォームを用いた電卓

フォームを用いることにより，電卓を作成することができます。フォームとは，HTML で作成された入力を行うためのインターフェースで，テキストボックス，ボタンなどさまざまなものがあります。フォームを用いた電卓では，フォームに数値を入力し，JavaScript で計算し，フォームに結果を表示します。

（1） フォームにおける入出力と処理依頼の記述

テキストボックスに数値を入力し，ボタンをクリックすると計算を行う JavaScript を起動させるためのフォームは，**図 4.36** に示すように記述します。

```
<form name="form1">
<input type="text" size="10" name="in1">
×
<input type="text" size="10" name="in2">
<input type="button" value="=" onclick="keisan()">
<input type="text" size="10" name="out1">
</form>
```

フォームの名称は「form1」

テキストボックスを設置 / 長さは半角10文字分 / テキストボックスの名称は「in1」,「in2」

ボタンを設置 / ボタンの表示は「=」/ クリックすると関数「keisan」へ計算処理を依頼

（a） JavaScript（HTMLファイル）の記述

表示

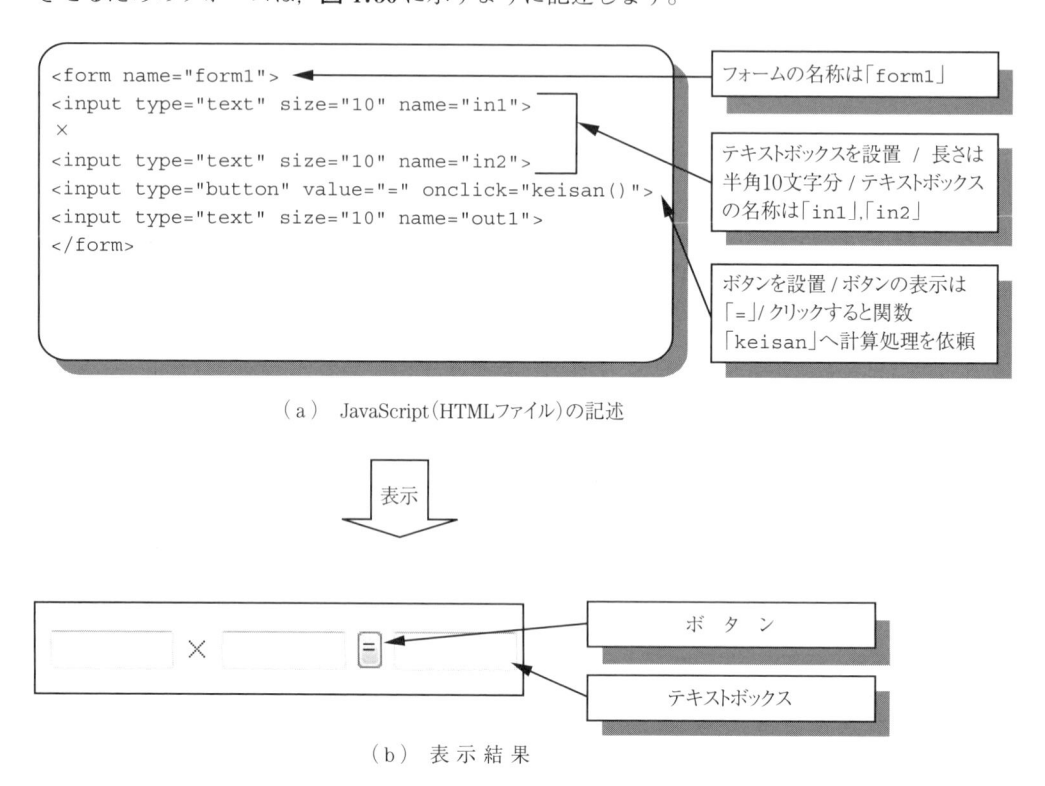

（b） 表 示 結 果

図 4.36 フォームにおける入出と処理依頼の記述の例

（2） JavaScript における計算の記述

計算は，JavaScript により**図 4.37** に示すように記述します。なお，テキストボックスに入力した数値は文字として認識されるため，`Number()` により，文字を数値として認識させます。

```
<script type="text/javascript">
    function keisan(){
    var input1, input2, output1;
    input1 = Number(form1.in1.value);
    input2 = Number(form1.in2.value);
    output1 = input1 * input2;
    form1.out1.value = output1;
}
</script>
```

- 関数の名称は「keisan」
- フォームの文字を数値に置き換え，変数input1, input2に格納
- input1とinput2に格納されている数値を掛け算した後,計算結果を変数output1に格納
- フォームに計算結果を出力

図 4.37 JavaScript における計算の記述の例

図 4.38 のサンプル（lesson424.html）を作成し，Web ブラウザーで表示して下さい。つぎに，2 か所に数値を入力し，イコール（=）ボタンをクリックして下さい。掛け算の結果が表示されます（**図 4.39**）。

```
<html>
<head><title>JavaScriptの練習</title></head>
<body>
<script type="text/javascript">
    function keisan(){
    var input1, input2, output1;
    input1 = Number(form1.in1.value);
    input2 = Number(form1.in2.value);
    output1 = input1 * input2;
    form1.out1.value = output1;
}
</script>
<form name="form1">
<input type="text" size="10" name="in1">
<input type="text" size="10" name="in2">
<input type="button" value="=" onclick="keisan()">
<input type="text" size="10" name="out1">
</form>
</body>
</html>
```

処理依頼
処理結果受取

図 4.38 フォームを用いた電卓（lesson424.html）

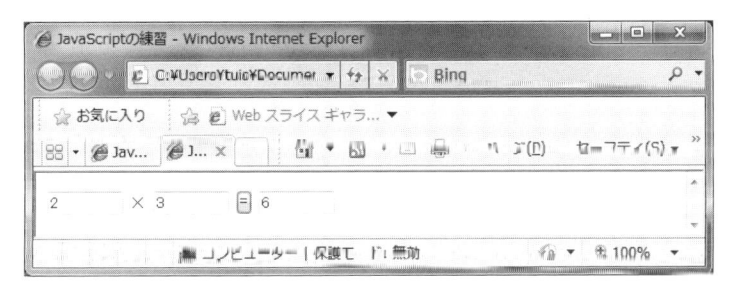

図 4.39 フォームを用いた電卓(lesson424.html の表示結果)

4.3 JavaScriptの実践的な使用

4.3.1 時刻の表示

変数を用いることにより，現在の時刻を表示するWebページを作成することができます。

（1） 現在時刻の取得

現在の時刻（時・分・秒）をコンピューターから取得するには，new Date()を用います（図4.40, 4.41）。この例では，現在の時刻を取得し，変数ttに格納しています。

```
tt = new Date();
```

図4.40　現在の時刻の取得

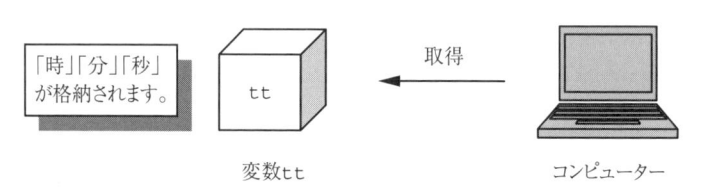

図4.41　現在の時刻を取得し変数に格納のイメージ

（2）「時」「分」「秒」それぞれの取得

getHours()，getMinutes()，getSeconds()を使用し，「時」「分」「秒」をそれぞれ取り出します（図4.42, 4.43）。この例では，変数ttから，「時」「分」「秒」をそれぞれ取り出して，変数h，変数m，変数sへ格納しています。

```
● 時の取得：h = tt.getHours();
● 分の取得：m = tt.getMinutes();
● 秒の取得：s = tt.getSeconds();
```

図4.42　「時」「分」「秒」の取得

4.3 JavaScript の実践的な使用

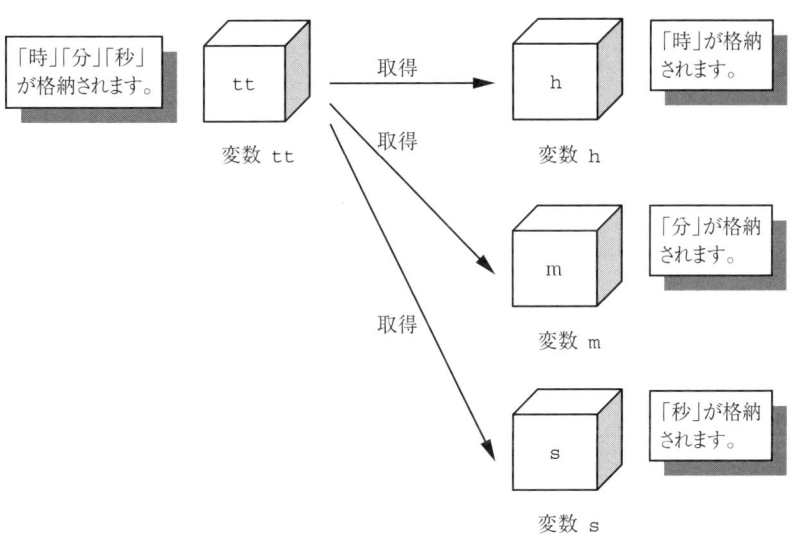

図 4.43 「時」「分」「秒」の取得のイメージ

図 4.44 のサンプル（lesson431.html）を作成し，Web ブラウザーで表示して下さい．現在の時刻（時・分・秒）が表示されます（**図 4.45**）．

```
<html>
<head><title>JavaScriptの練習</title></head>
<body>
<script type="text/javascript">
        var tt, h, m, s;
        tt=new Date();
        h=tt.getHours();
        m=tt.getMinutes();
        s=tt.getSeconds();
        document.write(h, "時", m,"分", s, "秒");
</script>
</body>
</html>
```

図 4.44 時刻の表示（lesson431.html）

図 4.45 時刻の表示（lesson431.html の表示結果）

4.3.2 時刻によって変わる画像

条件式を用いることにより，時刻により表示される画像が変わる Web ページを作成することができます（時刻の取得は 4.3.1 項を参照）。

（1） if 文

時間を判断するためには if 文を用います。if 文の基本書式を**図 4.46** に示します。条件式を与え，その条件式が真（条件式が成立する）の場合はブロック A が実行され，偽（条件式が成立しない）の場合はブロック B が実行されます（**図 4.47**）。

```
if(条件式){
        ブロックA
}else{
        ブロックB
}
```

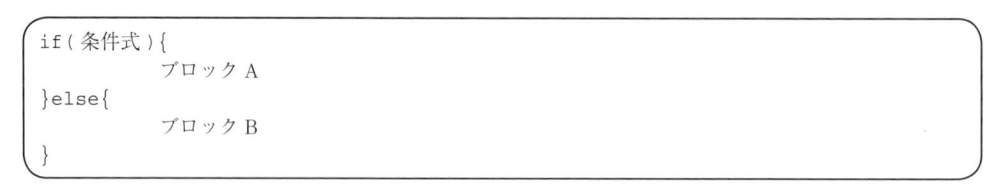

図 4.46 if 文

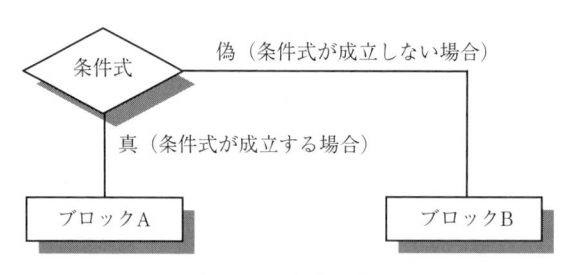

図 4.47 条件分岐

（2） 比較演算子

条件式では，比較演算子を用いて処理を行う条件を記述します（**表 4.1**）。例えば，A と B が等しいという条件は「A==B」，A が B より大きいという条件は「A>B」のように記述します。

表 4.1 比較演算子

比較演算子	算術記号	説　明
==	=	等しい
>	>	〜より大きい
>=	≧	〜以上
<	<	〜より小さい
<=	≦	〜以下
<>	≠	等しくない

例えば，12時台では画像 img0.jpg を，それ以外では画像 img1.jpg を表示させたい場合は図 4.48 に示すようになります。

```
<script type="text/javascript">
   var tt, h;
   tt=new Date();
   h=tt.getHours();
   if(h==12){
     document.write("<img src=img0.jpg>");
   }else{
     document.write("<img src=img1.jpg>");
   }
</script>
```

時刻(h)が12時台の場合
画像img0.jpgを表示
時刻(h)が12時台以外の場合
画像img1.jpgを表示

図 4.48　if 文の例

（3）複数条件の if 文

複数の条件式がある場合は，else の代わりに else if() を用います。各条件が真の場合に，それぞれのブロックを実行します。else if() のブロックはいくつあっても構いません。また，最後の else ブロックは省略可能です（図 4.49，4.50）。

```
if(条件1){
        ブロックA
}else if(条件2){
        ブロックB
}else if(条件3){
        ブロックC
}else{
        ブロックD
}
```

図 4.49　複数条件の if 文

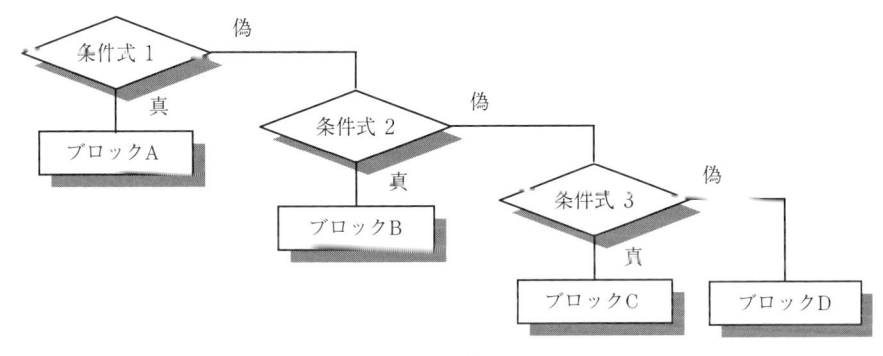

図 4.50　複数条件の条件分岐

（4） 論理演算子

if 文で条件式の中で，複数の条件を指定する場合は，論理演算子を使用します（**表4.2**）。

表4.2

論理演算子	論 理	説 明
&&	AND	かつ
||	OR	または
!=	NOT	否定

図4.51のサンプル（lesson432.html）を作成し，画像ファイル（img0_8.jpg, img9.jpg, img10.jpg, 〜 img17, img18_23）を lesson432.html と同じフォルダーに置き，Web ブラウザーで表示して下さい。Web ブラウザーで表示した時刻により，表示される画像が変わります（**図4.52**）。

```
<html>

<head>
<title>JavaScriptの練習</title>
</head>

<body>
<script type="text/javascript">
        var tt, h;
        tt=new Date();
        h=tt.getHours();
        if(h>=0 && h<9){
            document.write("<img src=img0_8.jpg>");
        }else if(h==9){
            document.write("<img src=img9.jpg>");
        }else if(h==10){
            document.write("<img src=img10.jpg>");
                    :
                    :
        }else if(h==17){
            document.write("<img src=img17.jpg>");
        }else if(h>=18 && h<=23){
            document.write("<img src=img18_23.jpg>");
        }
</script>
</body>

</html>
```

論理演算子&&で条件を指定しています。if (h>=0 && h<9) は，「hが0以上」かつ「hが9未満」（0時から8時まで）という条件です。

図4.51 時刻によって変わる画像（lesson432.html）

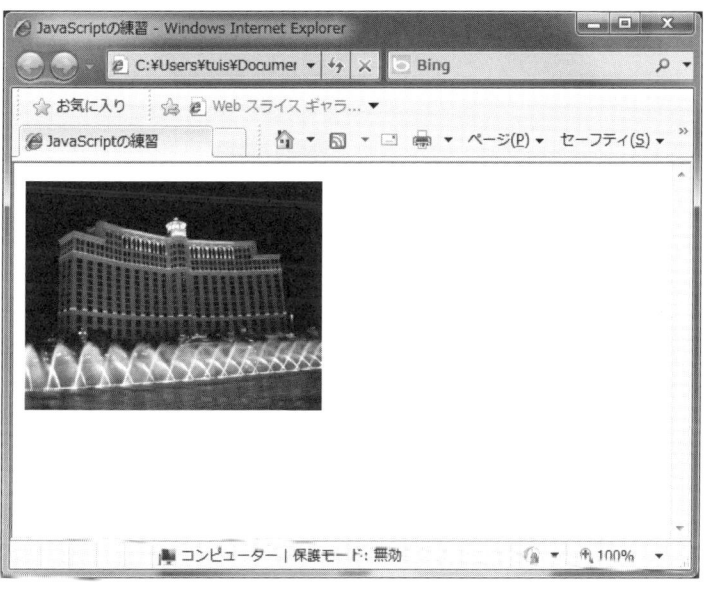

4.3 JavaScript の実践的な使用   *111*

（a） 現在の時刻が 16 時台の場合

時刻
経過

（b） 現在の時刻が 17 時台の場合

図 4.52 時刻によって変わる画像（lesson432.html の表示結果）

4.3.3 動く時計

時刻をコンピューターから繰り返し取得することにより，1秒ごとに動くディジタル時計を作成することができます。

（1） Web ページの読み込み完了時における処理の記述

Web ページを表示したときに，自動的に時計を動かします。Web ページの読み込み完了時に何らかの処理を行いたい場合，<body> タグの中で onLoad により，処理を指定します（図 4.53）。この例では，time() を呼び出しています。

```
<body onLoad="time()">
```

図 4.53　Web ページの読み込み完了時における処理の記述

（2） フォームにおける時刻表示の記述

JavaScript に時刻の取得を依頼し，時刻を表示させるフォームは，図 4.54 のように記述します。

```
<form name="form1" method="post">
<input type="text" name="jikan" size="15">
</form>
```

- フォームの名称は「form1」／method プロパティによりデータ送信形式を post に指定
- テキストボックスの名称は「jikan」

図 4.54　フォームにおける時刻表示の記述の例

（3） JavaScript における時刻取得の記述

時刻を繰り返し取得する JavaScript は，図 4.55 のように記述します。setTimeout() で自分自身，つまり time() を 1 秒ごとに呼び出すことにより，繰り返し時刻を取得します。

```
function time(){
    var tt = new Date();
    h = tt.getHours(); m = tt.getMinutes(); s = tt.getSeconds();
    if(h<="9"){h="0"+h;};
    if(m<="9"){m="0"+m;};
    if(s<="9"){s="0"+s;};
    document.form1.jikan.value=h + "時" + m + "分" + s + "秒";
    setTimeout("time()",1000);
}
```

- 表示が1桁の場合は，数字の前に0を挿入
- テキストボックス「jikan」にデータをわたす／「+」で数値と文字をすべて連結
- setTimeout で time() を 1 秒ごとに呼び出し（1 000 = 1 秒）

図 4.55　JavaScript における時刻取得の記述の例

図 4.56 のサンプル (lesson433.html) を作成し, Web ブラウザーで表示して下さい。1 秒ごとに動くディジタル時計が表示されます (図 4.57)。

```html
<html>

<head>
<title>JavaScript の練習</title>
</head>

<body onLoad="time()">
<script type="text/javascript">
function time(){
    var tt, h, m, s;
    tt = new Date();
    h = tt.getHours(); m = tt.getMinutes(); s = tt.getSeconds();
    if(h<="9"){h="0"+h;};
    if(m<="9"){m="0"+m;};
    if(s<="9"){s="0"+s;};
    document.form1.jikan.value=h + "時" + m + "分" + s + "秒";
    setTimeout("time()",1000);
}
</script>

<form name="form1" method="post">
<input type="text" name="jikan" size="15">
</form>
</body>

</html>
```

図 4.56　動く時計 (lesson433.html)

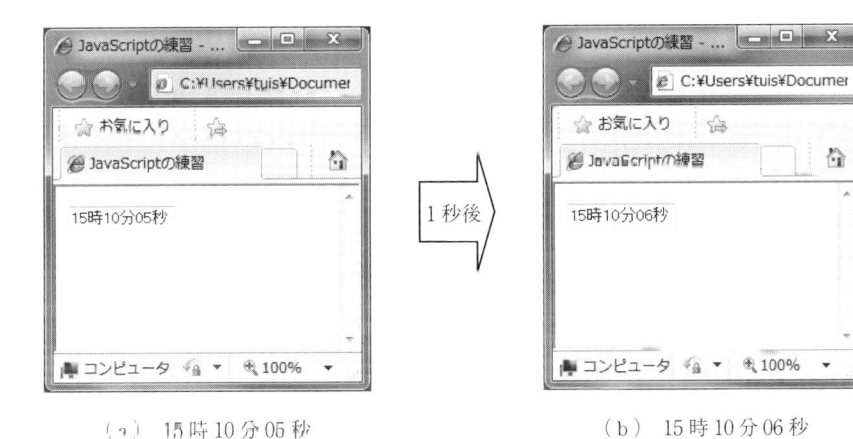

(a) 15 時 10 分 05 秒　　　　(b) 15 時 10 分 06 秒

図 4.57　動く時計 (lesson433.html の表示結果)

4.3.4 ランダムに表示される画像

配列と乱数を使用することにより，読み込むたびに表示される画像が変わる Web ページを作成することができます。

（1） 配　列

配列は，一つの変数名で複数のデータ（数値や文字）を扱うための変数です。配列は，「配列名（添字）」の形で記述します。添字は 0 から 1, 2, 3, … と付けていきます（**図 4.58**, **4.59**）。この例では，a という配列名で三つのデータを扱えるように配列を宣言しています。

```
var a = new Array(3);
```

図 4.58　配列の宣言と確保

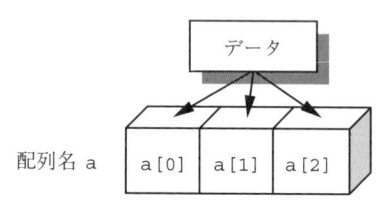

図 4.59　配列のイメージ

（2） 乱　数

画像をランダムに表示させるためには乱数を使用します。乱数の発生は Math.random() で行います。Math.random() は，0.0 以上 1.0 未満の小数値の乱数を発生させます。この例では，発生した乱数（0.0 以上 1.0 未満の小数値）を 3 倍し，Math.floor() で小数点以下切り捨てることで 0, 1, 2 の整数値を発生させ，変数に格納（代入）しています（**図 4.60**）。

```
var i = Math.floor( Math.random() * 3 );
```

図 4.60　乱数の発生

（3） 乱数による画像の指定

表示させる画像をランダムに変えるには，配列と乱数を使用します。まず，あらかじめ配列に画像の名前を格納しておきます。つぎに，乱数により得られた数値を配列の添え字に指定することにより，ランダムに画像名が呼び出されます（**図 4.61**）。

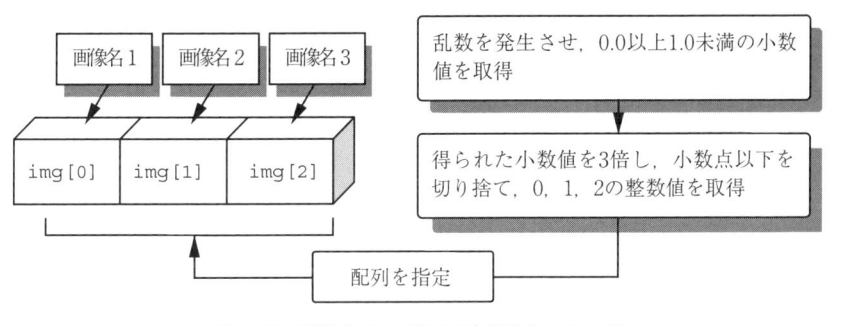

4.3 JavaScript の実践的な使用　　*115*

図 4.61　画像をランダムに呼び出すイメージ

　図 4.62 のサンプル（lesson434.html）を作成し，画像ファイル（img1.jpg, img2.jpg, img3.jpg）を lesson434.html と同じフォルダーに置き，Web ブラウザーで表示して下さい。さらに Web ブラウザーで何度か再読込み（リフレッシュ）を行って下さい。読み込むたびに表示される画像が変わります（**図 4.63**）。

```html
<html>

<head>
<title>JavaScript の練習</title>
</head>

<body>
<script type="text/javascript">
var img = new Array(3);
img[0] = "img1.jpg";
img[1] = "img2.jpg";
img[2] = "img3.jpg";

function random_img(){
        var i=Math.floor(Math.random()*3);
        document.write("<img src=", img[i], ">");
}
random_img();
</script>
</body>

</html>
```

document.write() の中には HTML の <img> タグを記述します（<img> タグは 2.6.2 項を参照）。
<img> タグの属性値には画像の名前を記述します。ここでは，配列の中身（画像の名前）がランダムに選択されています。

図 4.62　ランダムに表示される画像（lesson434.html）

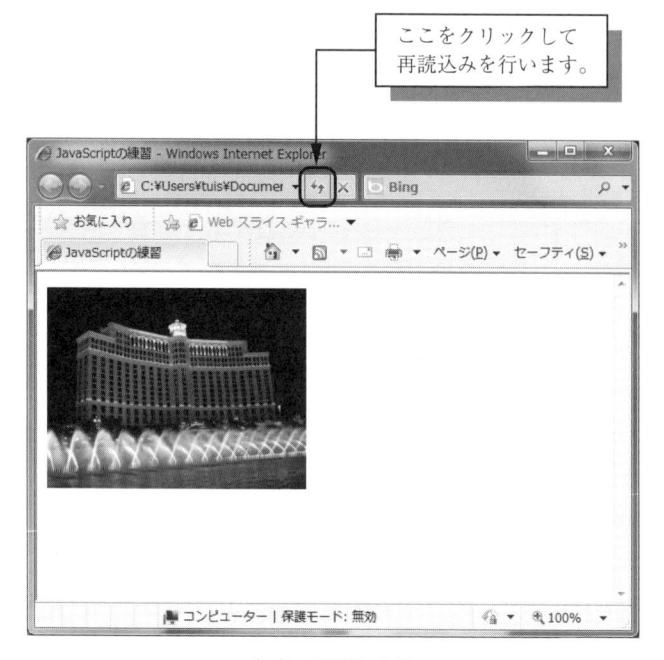

（a） 再読込み前

（b） 再読込み後

図 4.63 ランダムに表示される画像（lesson434.html の表示結果）

JavaScript を記述する場所

本章では，わかりやすくするために <body> ～ </body> 内に JavaScript スクリプトを記述していましたが，<body> 要素以外に，<head> ～ </head> や各 HTML タグの要素に直接属性を書き込む方法があります。以下に，一般的な記述の方法を説明します。ただし，必ずこの場所に書かなければならないということではありません。

● <head> ～ </head> の間に記述する方法
function としてまとまった機能を head 要素内に書き込むことがあります。何回も汎用的に使われる function を，head 要素内に記述することが一般的です。

● <body> ～ </body> の間に記述する方法
body 要素内の表示させたい場所に直接書くこともできます。<head> ～ </head> の function で定義した機能を呼び出し，表示させる <body> 要素内の場所に記述するのが一般的です。

● HTML タグの要素に直接埋め込む方法
以下のように <a> タグなどの要素に直接埋め込むことができます。この方法は「イベント属性（イベント・ハンドラ）として記述する」といういい方をします。JavaScript が実際に実行されるタイミング（ボタンをクリックしたとき，Web ページが読み込まれたとき，マウスを乗せたときなど）を指定し，JavaScript のコードを埋め込む形式です。

```
<html>

<head>
<title>JavaScript の練習</title>
</head>

<body>
<a onmouseover="document.write('こんにちは')">マウスオーバー</a>
</body>

</html>
```

索 引

用語索引

【あ】
色の指定	78
色名称	38
エディター	1, 8
オブジェクト	94, 96

【か】
改行	28
開始タグ	22
拡張子	3
——の表示	3
箇条書き	46
画像形式	50
画像処理	50
画像の挿入	52
画像の配置	54
キーワード	24
計算	102
罫線	34
コメント文	32, 98

【さ】
作者名	24
時刻の取得	106
終了タグ	22
整形ずみテキスト	30
絶対指定	44
絶対単位指定	78
セル	64
セレクター	72, 74, 76
全称セレクター	76
相対指定	44
相対単位指定	78
属性	22, 74
属性値	22, 72, 74
属性名	22, 72, 74

【た】
タグ	22
段落	28
電卓	104
特殊文字	30

【な】
長さの指定	78
2段組み	86

【は】
背景の色	42
背景の画像	44
背景のデザイン	82
ハイパーリンク	56, 58
配列	114
パディング	84
比較演算子	108
表の作成	62
表の挿入	62
フォーム	104
フレーム	66
ブロック	86
プロパティ	96
ペイント	51
ページのデザイン	84
ヘッダー	24
変数	102
ボーダー	84
ボックス	84

【ま】
マージン	84
見出し	26
メソッド	94
メモ帳	1, 8
文字コード	24
文字の位置	40
文字の色	38
文字の大きさ	36
文字の装飾	96
文字のデザイン	80
文字の表示	94
文字の回り込み	54

【や】
要素	22
余白	28

【ら】
乱数	114
リスト	46, 48
論理演算子	110

【英字】
BMP 形式	50
class セレクター	76
CSS	2, 70
——の記述方法	74
——の基本構造	70
——の使用方法	72
GIF 形式	50
HTML	2, 20
——の基本構造	20
id セレクター	76
if 文	108
Internet Explorer	1, 14
JavaScript	2, 90
——の基本構造	90
——の使用方法	92
JPEG 形式	50
PNG 形式	50
RGB 値	38
TIFF 形式	50
Web ブラウザー	1, 14

タグ

`<a>`	56, 58, 60
`<address>`	60
`<b>`	36
`<body>`	20, 42, 44
` `	28, 100
`<div>`	28, 40
`<em>`	23
`<font>`	36, 38
`<form>`	104
`<frameset>`	67
`<h>`	26
`<head>`	20
`<hr>`	34
`<html>`	20
`<i>`	36
`<img>`	52, 54
`<li>`	46, 48
`<link>`	25, 88
`<meta>`	24
`<ol>`	48
`<p>`	28
`<pre>`	30
`<s>`	36
`<script>`	92
`<strong>`	36
`<style>`	72
`<sub>`	36
`<sup>`	36
`<table>`	62
`<td>`	62, 64
`<title>`	24
`<tr>`	62
`<u>`	36
`<ul>`	46

―― 著者略歴 ――

松下　孝太郎（まつした　こうたろう）
横浜国立大学大学院工学研究科博士後期課程修了　博士（工学）
現在，東京情報大学総合情報学部准教授

山本　光（やまもと　こう）
横浜国立大学大学院環境情報学府博士後期課程単位取得満期退学
現在，横浜国立大学教育人間科学部准教授

市川　博（いちかわ　ひろし）
東京理科大学大学院理工学研究科修士課程修了　博士（学術）
現在，大妻女子大学家政学部教授

Web ページ作成入門
― **HTML/CSS/JavaScript の基礎** ―
Fundamentals of Developing Web Pages
― HTML/CSS/JavaScript ―

Ⓒ K.Matsushita, K.Yamamoto, H.Ichikawa　2011

2011 年 10 月 21 日　初版第 1 刷発行　　★

検印省略	著　者	松　下　孝太郎
		山　本　　　光
		市　川　　　博
	発行者	株式会社　コロナ社
	代表者	牛来真也
	印刷所	萩原印刷株式会社

112-0011　東京都文京区千石 4-46-10
発行所　株式会社　コロナ社
CORONA PUBLISHING CO., LTD.
Tokyo Japan
振替 00140-8-14844・電話(03)3941-3131(代)
ホームページ http://www.coronasha.co.jp

ISBN 978-4-339-02457-9　　（安達）　（製本：牧製本印刷）
Printed in Japan

本書のコピー，スキャン，デジタル化等の無断複製・転載は著作権法上での例外を除き禁じられております。購入者以外の第三者による本書の電子データ化及び電子書籍化は，いかなる場合も認めておりません。

落丁・乱丁本はお取替えいたします

コンピュータサイエンス教科書シリーズ

(各巻A5判)

■編集委員長　曽和将容
■編集委員　岩田　彰・富田悦次

配本順		著者	頁	定価
1.（8回）	情報リテラシー	立花康夫／曽和将容／春日秀雄 共著	234	2940円
4.（7回）	プログラミング言語論	大山口通夫／五味弘 共著	238	3045円
6.（1回）	コンピュータアーキテクチャ	曽和将容 著	232	2940円
7.（9回）	オペレーティングシステム	大澤範高 著	240	3045円
8.（3回）	コンパイラ	中田育男 監修／中井央 著	206	2625円
11.（4回）	ディジタル通信	岩波保則 著	232	2940円
13.（10回）	ディジタルシグナルプロセッシング	岩田彰 編著	190	2625円
15.（2回）	離散数学 —CD-ROM付—	牛島和夫 編著／相利民／朝廣雄一 共著	224	3150円
16.（5回）	計算論	小林孝次郎 著	214	2730円
18.（11回）	数理論理学	古川康一／向井国昭 共著	234	2940円
19.（6回）	数理計画法	加藤直樹 著	232	2940円
20.（12回）	数値計算	加古孝 著	188	2520円

以下続刊

2. データ構造とアルゴリズム	伊藤大雄 著	3. 形式言語とオートマトン	町田元 著
5. 論理回路	渋沢・曽和 共著	9. ヒューマンコンピュータインタラクション	田野俊一 著
10. インターネット	加藤聰彦 著	12. 人工知能原理	嶋田・加納 共著
14. 情報代数と符号理論	山口和彦 著	17. 確率論と情報理論	川端勉 著

定価は本体価格+税5％です。
定価は変更されることがありますのでご了承下さい。

図書目録進呈◆

コンピュータ数学シリーズ

(各巻A5判)

■編集委員　斎藤信男・有澤　誠・筧　捷彦

配本順			頁	定価
2.（9回）	組合せ数学	仙波一郎著	212	2940円
3.（3回）	数理論理学	林　晋著	190	2520円
7.（10回）	ゲーム計算メカニズム ―将棋・囲碁・オセロ・チェスのプログラムはどう動く―	小谷善行編著	204	2940円
10.（2回）	コンパイラの理論	大山口通夫著	176	2310円
11.（1回）	アルゴリズムとその解析	有澤　誠著	138	1733円
15.（5回）	数値解析とその応用	名取　亮著	156	1890円
16.（6回）	人工知能の理論（増補）	白井良明著	182	2205円
20.（4回）	超並列処理コンパイラ	村岡洋一著	190	2415円
21.（7回）	ニューラルコンピューティング	武藤佳恭著	132	1785円
22.（8回）	オブジェクト指向モデリング	磯田定宏著	156	2100円

以下続刊

1.	離散数学	難波完爾著	4.	計算の理論	町田　元著
5.	符号化の理論	今井秀樹著	6.	情報構造の数理	中森真埋雄著
8.	プログラムの理論		9.	プログラムの意味論	萩野達也著
12.	データベースの理論		13.	オペレーティングシステムの理論	斎藤信男著
14.	システム性能解析の理論	亀田壽夫著	17.	コンピュータグラフィックスの理論	金井　崇著
18.	数式処理の数学	渡辺隼郎著	19.	文字処理の理論	

定価は本体価格+税5％です。
定価は変更されることがありますのでご了承下さい。

図書目録進呈◆

情報・技術経営シリーズ

(各巻A5判)

■企画世話人　薦田憲久・菅澤喜男

No.	書名	著者	頁	定価
1.	企業情報システム入門	薦田憲久／矢島敬士 共著	230	2940円
2.	製品・技術開発概論	菅澤喜男／菅国広誠 共著	168	2100円
3.	経営情報処理のための知識情報処理技術	辻洋／大川剛直 共著	176	2100円
4.	経営情報処理のためのオペレーションズリサーチ	栗原謙三／明石吉三 共著	200	2625円
5.	情報システム計画論	西村一則／坪根直毅／栗田学 共著	202	2625円
6.	コンピュータ科学入門	布広永示／菅澤喜男 共著	184	2100円
7.	高度知識化社会における情報管理	村山博／大貝晴俊 共著	198	2520円
8.	コンペティティブ テクニカル インテリジェンス	M.Coburn著／菅澤喜男訳	166	2100円
9.	ビジネスプロセスのモデリングと設計	小林隆著	200	2625円
10.	ビジネス情報システム	薦田憲久／水野浩孝／赤津雅晴 共著	200	2625円
11.	経営視点で学ぶグローバルSCM時代の在庫理論―カップリングポイント在庫計画理論―	光國光七郎著	200	2625円
12.	メディア・コミュニケーション論	矢島敬士著	180	2205円
13.	ビジネスシステムのシミュレーション	薦田憲久／大川剛直／秋吉政徳／大場みち子 共著	188	2520円
14.	技術マーケティングとインテリジェンス	菅澤喜男／岡村亮 共著	240	3150円

定価は本体価格+税5％です。
定価は変更されることがありますのでご了承下さい。

図書目録進呈◆